湖南省示范性(骨干)高等职业院校建设项目规划教材
湖南水利水电职业技术学院课程改革系列教材

水利工程工程量清单计价

主　编　蒋买勇
副主编　周立忠　易建芝　欧正蜂
　　　　杜　宇　肖飞剑　金红丽
主　审　曾更才　吴科平

U0343804

黄河水利出版社
·郑州·

内 容 提 要

　　本书是湖南省示范性(骨干)高等职业院校建设项目规划教材、湖南水利水电职业技术学院课程改革系列教材之一,根据高职高专教育水利工程造价专业核心课程标准及理实一体化教学要求编写完成。全书依据国家最新规程规范,以典型水利工程项目为载体,以水利工程造价员(水利工程造价工程师)职业工作岗位所确定的工作任务与职业能力为内容(章节)编写,极具操作性。

　　本书可作为高等职业技术学院、高等专科学校等水利工程造价、水利工程施工、水利工程、水利水电建筑工程、水利工程监理等专业的教材,也可供水利类专业教师和从事水利水电行业造价咨询、设计、施工、监理、项目管理等工作的工程技术人员参考。

图书在版编目(CIP)数据

　　水利工程工程量清单计价/蒋买勇主编.—郑州:黄河水利出版社,2017.12 　(2023.1　修订版重印)

　　湖南省示范性(骨干)高等职业院校建设项目规划教材
　　ISBN 978-7-5509-1623-4

　　Ⅰ.①水… 　Ⅱ.①蒋… 　Ⅲ.①水利工程-工程造价-高等职业教育-教材 　Ⅳ.①TV512

　　中国版本图书馆 CIP 数据核字(2016)第 302185 号

组稿编辑:简群 　　电话:0371-66026749 　　E-mail:931945687@ qq.com

出　版　社:黄河水利出版社
　　　　　　地址:河南省郑州市顺河路黄委会综合楼 14 层 　　邮政编码:450003
发行单位:黄河水利出版社
　　　　　　发行部电话:0371-66026940、66020550、66028024、66022620(传真)
　　　　　　E-mail:hhslcbs@ 126.com
承印单位:河南承创印务有限公司
开本:787 mm×1 092 mm　1/16
印张:11.5
字数:266 千字 　　　　　　　　　　　　印数:3 001—4 000
版次:2017 年 12 月第 1 版 　　　　　　印次:2023 年 1 月第 3 次印刷
　　　　2023 年 1 月修订版

定价:28.00 元

前 言

按照"湖南省示范性(骨干)高等职业院校建设项目"建设要求,水利工程专业是该项目的重点建设专业之一,由湖南水利水电职业技术学院负责组织实施。按照专业建设方案和任务书,通过广泛深入行业,与行业、企业专家共同研讨,创新了"两贯穿、三递进、五对接、多学段""订单式"人才培养模式,完善了"以水利工程项目为载体,以设计→施工→管理工作过程为主线"的课程体系,进行了优质核心课程的建设。为了固化示范性(骨干)建设成果,进一步将其应用到教学中,最终实现让学生受益,经学院审核,决定正式出版系列课程改革教材。

为了不断提高教材内容质量,编者于 2023 年 1 月,根据近年来国家及行业颁布的最新规范、标准,以及在教学实践中发现的问题和错误,对全书进行了系统的修订完善。

本书以培养水利工程工程量清单及清单计价文件(招标标底或投标报价)编制人员为目标,通过分析水利工程工程量清单及清单计价的工作任务及工作过程,结合水利工程造价员(水利工程造价工程师)职业岗位要求和职业标准,在水利工程概预算学习的基础上,独立出当前应用广泛的清单计价,划分为水利工程工程量清单编制、水利工程工程量清单计价编制(招标标底或投标报价)两大模块。依据《水利工程工程量清单计价规范》(GB 50501—2007)、《水利工程设计概(估)算编制规定》(水总〔2014〕429 号)、《水利工程营业税改征增值税计价依据调整办法》(办水总〔2016〕132 号)和现行定额等,选择一个具代表性、完整性的水库工程为项目载体,以水利工程工程量清单及清单计价的编制为主线,采取以项目为章、以任务为节的并列与递进相结合方式编排教材内容。

本书由蒋买勇主编并统稿,周立忠、易建芝、欧正蜂、杜宇、肖飞剑、金红丽为副主编,湖南省水利水电勘测设计研究总院副总工曾更才教高、湖南省水利厅水利建设与管理总站副调研员吴科平高工担任主审。

本书在编写过程中,专业建设团队的各位领导和教师提出了许多宝贵意见,得到了湖南省水利水电勘测设计研究总院、湖南洞庭项目管理有限公司的积极参与和大力帮助,同时参考和引用了一些相关专业书籍的论述,在此一并表示感谢!

由于编写时间仓促,编者水平有限,本书不足之处在所难免,恳请读者批评指正。

编　者

2023 年 1 月

目 录

前 言

课程前导 ··· (1)

项目1 水利工程工程量清单编制 ····································· (6)

　　任务1.1 工程量清单编制概述 ································· (6)

　　任务1.2 编制分类分项工程量清单 ························· (7)

　　任务1.3 编制措施项目清单 ································· (60)

　　任务1.4 编制其他项目清单 ································· (62)

　　任务1.5 编制零星工作项目清单 ··························· (63)

　　任务1.6 编制其他表格及计价格式 ························· (64)

项目2 水利工程工程量清单计价编制 ······························ (66)

　　任务2.1 工程量清单计价编制概述 ························· (66)

　　任务2.2 编制基础单价及费(税)率选取 ····················· (67)

　　任务2.3 编制工程单价 ····································· (86)

　　任务2.4 编制各部分清单计价表 ··························· (91)

　　任务2.5 编制工程项目总价表 ···························· (101)

　　任务2.6 编写编制说明 ···································· (102)

　　任务2.7 编制其他表格 ···································· (102)

附 录 ·· (104)

　　附录A 水利建筑工程工程量清单项目及计算规则 ············ (104)

　　附录B 水利安装工程工程量清单项目及计算规则 ············ (138)

　　附录C 工程量清单及其计价格式 ·························· (149)

参考文献 ··· (175)

课程前导

1 水利工程工程量清单计价概述

1.1 水利工程工程量清单计价规范的编制背景与历程

水利工程具有的公益性和经营性,决定了水利工程建设资金以政府投资为主要来源的特点。因此,在社会主义市场经济条件下,如何规范水利工程政府投资行为,有效控制水利工程建设投资,加强对水利工程建设资金的监管,充分发挥投资效益,是当前水利工程建设投资管理体制改革中需进一步解决的问题。

按照建设部全面推行《建设工程工程量清单计价规范》(GB 50500—2003,现修订版为 GB 50500—2013)的统一要求,水利部建设与管理司组织编制了《水利工程工程量清单计价规范》(GB 50501—2007)(简称《水利计价规范》)。在《水利计价规范》的编制过程中,广泛征求了有关建设单位、施工单位、设计单位、咨询单位和相关部门的意见,并经过多次研讨和反复修改。

《水利计价规范》编制工作起始于 2004 年初,负责主编的北京峡光经济技术咨询有限责任公司和长江流域水利建设工程造价(定额)管理站在进行大量专题调研工作的基础上,先后于 2004 年 8 月完成《水利计价规范》的编制大纲,2005 年 7 月完成征求意见稿,2006 年 3 月完成送审稿,水利部建设与管理司组织有关单位和专家对各阶段成果分别进行了咨询和审查,并于 2006 年 3 月底在北京组织召开了《水利工程工程量清单计价规范(送审稿)》审查会,2006 年 4 月底完成《水利工程工程量清单计价规范》(GB 50501—2007)的报批稿,《水利工程工程量清单计价规范》(GB 50501—2007)于 2007 年 6 月 6 日经建设部第 625 号公告批准颁布,自 2007 年 7 月 1 日起实施。

1.2 水利工程工程量清单计价的目的与依据

为规范水利工程工程量清单计价行为,统一水利工程工程量清单的编制和计价方法,根据《中华人民共和国招标投标法》和国家标准《建设工程工程量清单计价规范》,制定本规范。

"规范水利工程工程量清单计价行为,统一水利工程工程量清单的编制和计价方法"是制定《水利计价规范》的目的。长期以来在我国水利工程招标投标中普遍采用了编制工程量清单进行计价的方式,并遵循施工合同中双方约定的计量和支付方法,但在工程量清单编制和计价方法以及合同条款约定的计量和支付方法上尚未达到规范和统一,推行《水利计价规范》,统一水利工程工程量清单的编制和计价方法,对规范水利工程招标投标的工程量清单编制与计价行为,规范合同价款的确定与调整及工程价款的结算,健全和维护水利建设市场竞争秩序具有重要意义。

"价"是市场概念,GB 50501—2007是规范市场行为,不覆盖计划行为。计划行为与市场行为以工程施工招标为分界,如图0-1所示。

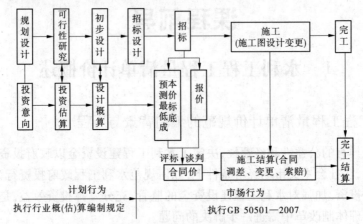

图0-1 水利工程造价管理阶段划分示意图

1.3 水利工程工程量清单计价规范的适用范围

《水利计价规范》适用于水利枢纽、水力发电、引(调)水、供水、灌溉、河湖整治、堤防等新建、扩建、改建、加固工程的招标投标工程量清单编制和计价活动,共包括三个方面的内容:一是就建设项目的功能而言,包括水利枢纽工程,水力发电工程,引水、调水、供水、灌溉工程,河湖疏浚工程,堤防填筑工程等;二是就建设项目的性质而言,包括新建工程、扩建工程、改建工程、加固工程等;三是就资金来源和投资主体而言,不论是固有资金、集体资金,还是私人资金,不论是政府机构、国有企事业单位、集体企业,还是私有企业或外资企业,都应遵循本规范。

1.4 水利工程工程量清单计价活动的遵循原则

水利工程工程量清单计价活动应遵循客观、公正、公平的原则。工程量清单计价是市场经济的产物,随市场经济的发展而发展。因此,必须遵循市场经济活动公正、公平、诚信的原则,工程量清单的编制应实事求是,强调"量价分离、风险分担",招标人承担工程"量"的风险和投标人难以承担的价格风险,投标人适度承担工程"价"的风险。招标工程标底应根据有关要求,结合施工方案、社会平均生产力水平,按市场价格编制。投标人要从本企业的实际情况出发,不能低于成本报价,不能串通报价,双方应以诚实、信用的态度进行工程结算。

水利工程工程量清单计价活动除应遵循本规范外,还应符合国家有关法律、法规及标准规范的规定。主要指《中华人民共和国水法》、《中华人民共和国防洪法》、《中华人民共和国水土保持法》、《中华人民共和国水污染防治法》、《中华人民共和国环境保护法》、《中华人民共和国合同法》、《中华人民共和国价格法》、《中华人民共和国招标投标法》及直接涉及工程造价的工程质量、安全及环境保护等方面的标准规范。

2 项目简介

2.1 工程概况

某水库工程位于湘江水系洣水支流沔水河,坝址位于湖南省茶陵县舲舫乡洮水村,控制流域面积 769 km²。水库总库容 5.15 亿 m³,装机容量 69 MW,是一座以防洪、发电为主,兼顾灌溉和养殖等综合利用的大(2)型水库。

枢纽工程主要建筑物由主河槽混凝土面板堆石坝、左岸三级溢洪道、右岸三结合隧洞(发电、导流、放空)、河床引水式电站厂房及开关站组成。

河床布置拦河坝;左岸利用天然垭口及冲沟布置开敞式溢洪道;发电引水兼放空洞布置于右岸,采用龙抬头型式与导流洞相结合;电站厂房沿原河床布置在下游坡脚,进厂公路沿河床右岸布置;上坝公路布置在右岸山上。

工程平面布置示意图见图0-2。

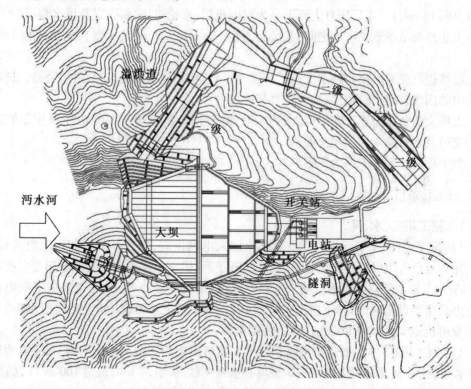

图 0-2 工程平面布置示意图

大坝为混凝土面板堆石坝,坝顶高程210.50 m,防浪墙顶高程211.70 m,坝顶宽9 m,坝顶长290.6 m,最大坝高102.0 m,上游坝坡1:1.4,下游坝坡1:1.55。

坝顶左岸采用开敞式三级溢洪道泄流消能,一、二级采用挑流消能,三级采用消力池消能。一级溢洪道位于大坝左坝肩上游约85 m,堰型为WES堰标准剖面,堰顶高程197 m,设2个溢流孔,孔口尺寸10 m×10.7 m(宽×高),一级陡槽底板坡比1:4,鼻坎顶高程

159.50 m,鼻坎的挑射角24°;二级溢洪道堰型也为WES堰标准剖面,堰顶高程144 m,陡槽底板坡比1:5,鼻坎顶高程135.484 m,鼻坎的挑射角25°;三级溢洪道尾水已与天然河道水面相接,仅作渠道排泄洪水至主河道,渠首底部高程122 m,渠底板坡比1:56,尾坎高程118.80 m。

右岸山体布置三结合隧洞(发电、导流、放空)。发电洞和放空洞共用一个进口,进口底板高程140.00 m,采用龙抬头型式布置在导流洞进口上方,龙抬头闸门竖井前洞身为矩形,尺寸4.6 m×6.5 m(宽×高),长40 m;龙抬头段洞径6.5 m,长47.6 m;龙抬头下部为导流洞,进口底板高程119.00 m,洞身为圆形,洞径7.5 m,长120 m。龙抬头后为三结合隧洞主洞,洞径6.5 m,长487 m。主洞洞身中部接发电支管,支管洞径6.5 m,长70 m,采用一洞三机布置。主洞受地质条件影响,堵头布置于发电岔洞处,堵头内埋设直径为1.8 m的钢管,堵头末端设置放空锥形阀。

水电站厂房布置在大坝下游坡脚,沿原河床布置,距离坝轴线下游188.2 m,系引水式地面厂房,主厂房尺寸为57.3 m×17.4 m(长×宽),副厂房尺寸为51.7 m×12 m(长×宽)。电站安装3台混流式机组,单机容量23 MW。电站最大水头85 m,最大引水流量108.15 m³/s。主厂房自上而下分为发电机层、水轮机层、蜗壳层及尾水管层。

主变开关站布置在厂坝之间,其尺寸为57.3 m×33.5 m(长×宽),地面高程126.30 m。

电站进厂交通采用公路水平进厂,进厂大门设于安装场右侧,正对进厂公路。进厂公路为山岭四级公路,与现有城乡公路直接连接。

上坝交通公路布置于右岸山上,为山岭四级公路,路面宽度8.0 m,主要用于施工期场内交通及运行期永久上坝交通。

整个项目计划总工期为3年。

2.2 施工条件

2.2.1 施工用电、水、风

(1)施工电源:本工程施工用电全部由国家电网供应,工程开工初期用电负荷较小,可利用当地已有10 kV线路供电;工程全线开工后,供电电源由茶陵县城云阳变电所利用110 kV永久输电线路降压运行接入工地变电站,接线距离约20 km。工地施工变电站布置在办公生活设施区(右岸下游进厂公路)附近的平地上。另设160 kW P₉型400/230 V柴油发电机组2台作为重要生产设备备用电源。

(2)施工用水:本工程施工用水从导流洞出口附近的下游河道内取水,在左右两岸设4处水池供水。水系统采用6SA-8型离心水泵4台,功率37 kW,流量160 m³/h,扬程55 m;150S-78型水泵4台,功率55 kW,流量198 m³/h,扬程70 m。

(3)施工供风:根据各部位用风特点及用风量,拟在坝区及严家冲石料场之间设空压站1座,选用5L-40/8型空压机2台,4L-20/8型空压机1台,对右坝肩及河床基础开挖和严家冲石料场开采供风;左岸211公路旁设空压站1座,选用4L-20/8型和3L-10/8型空压机各1台,对左坝肩及溢洪道开挖供风;其余用风部位均采用移动式空压机供风,选用YH-10/7型空压机4台。

2.2.2　施工通信及照明

（1）施工通信：本工程施工期场内通信主要采用 HP – 570 型容量为50门电话总机1部，在现场施工中可另配 JXC_2 型(手持式)或 JXC_2 型(口袋式)袖珍超短波调频无线电话机及移动电话。对外长途通信利用现场电话总机中继线与当地电信部门相连。

（2）施工照明：本工程三结合隧洞内照明采用60 W 防水灯头的白炽灯，灯头间距为5 m，电线悬挂高度为2.0 m，用射钉临时悬挂，以方便拆卸；工作面采用 36 V 低压照明，照明线路配备触电保护器；其他工作面夜间施工时采用碘钨灯照明，要求工作面始终保持足够的照度。

2.2.3　对外交通

坝址有混凝土路面山区三级公路通往茶陵县城，全程 19 km；茶陵县城至攸县为二级公路，里程 38 km；攸县至醴陵为二级公路，里程 79 km；醴陵至株洲、株洲至长沙均为高等级或高速公路，里程分别为 49 km 与 54 km。坝址距茶陵火车站 33 km；茶陵距攸县、醴陵、株洲、长沙的铁路里程分别为 38 km、116 km、161 km、212 km。

2.2.4　建筑材料

本工程施工所需的主要材料包括水泥、碎石、砂料、块石、钢筋、木材等。水泥从攸县采购，汽车运输 57 km；钢材、炸药由株洲市供应，汽车运输 185 km；木材由茶陵县木材公司供应，油料由县石油公司供应，其他如房建材料、生活物资等，均由茶陵县物资部门供应，汽车运输 19 km。永久机电设备、施工机械设备及其他重大件由铁路运至茶陵火车站，再经公路运往工地，其余外来物资均采用公路运输。

本工程大坝黏土铺盖、围堰防渗所需黏土全部从位于坝址下游左岸 1.2 km 处的滋坑Ⅱ黏土料场取土。

人工石料场位于严家冲，距坝址 1.0 km，无用层厚度 0～3 m，质量满足堆石坝筑坝材料的要求，储量大，用作本工程主选石料场。

天然砂砾料场，考虑大坝垫层区需掺天然砂的实际状况和坝体次堆石区填筑砂砾石开采方便等因素，选择坝址下游河床 2.4 km 处的渡口Ⅰ区料场开采，不足的 5～20 mm 和 20～40 mm 两级骨料从 1.0 km 处的鲤鱼洲Ⅰ区补充，作为混凝土砂石骨料的主料场；选取神仙岭Ⅰ、神仙岭Ⅱ、亭子洲Ⅱ料场作大坝次堆石区砂砾料填筑用料场，各料场按由近及远的顺序进行开采。

项目1 水利工程工程量清单编制

任务1.1 工程量清单编制概述

工程量清单是由建设工程招标人发出的,对招标工程的全部项目,按统一的项目编码、工程量计算规则、项目划分和计量单位计算出的工程数量列出的表格。

工程量清单可以由招标人自行编制,也可以由其委托有相应资质的招标代理机构或咨询单位编制。工程量清单是招标文件的重要组成部分。工程量清单具有强制性、实用性、竞争性等特点。

工程量清单由招标人统一提供,避免了由于计算不准确、项目不一致等人为因素造成的不公正影响,创造了一个公平的竞争环境。工程量清单是计价和询标、评标的基础,无论是标底的编制还是企业投标报价,都必须以工程量清单为基础进行,同样也为今后的招标、评标奠定了基础。工程量清单为施工过程中的进度款支付、办理工程结算及工程索赔提供了依据。设有标底价格的招标工程,招标人利用工程量清单编制标底价格,供评标时参考。

1.1.1 工程量清单编制的原则与依据

1.1.1.1 工程量清单编制的原则

(1)遵循市场经济活动的基本原则,即客观、公正、公平。工程量清单的编制要实事求是,不弄虚作假,招标要机会均等,一律公平地对待所有投标人。

(2)符合该计价规范的原则。清单分项类别、分项名称、分项编码、计量单位、主要技术条款编码、特征或工作内容备注等,都必须符合计价规范的规定和要求。

(3)符合工程量实物分项与描述准确的原则。工程量清单是传达招标人要求,便于投标人响应和完成招标工程实体、工程任务目标及相应分项工程数量,全面反映投标报价要求的直接依据。能否编制出完整、严谨、准确的工程量清单,是招标成败的关键。因此,招标人向投标人所提供的清单,必须与设计的施工图纸相符合,能充分体现设计意图,充分反映施工现场的实际施工条件,为投标人能够合理报价创造有利条件。

(4)工作认真审慎的原则。应当认真理解计价规范、相关政策法规、工程量计算规则、施工图纸、工程地质与水文资料和相关的技术资料等。熟悉施工现场情况,注重现场施工条件分析。对初定的工程量清单的各个分项,按有关的规定进行认真核对、审核,避免错漏项、少算或多算工程数量等现象发生,对措施项目与其他措施工程量项目清单也应当认真反复核实,最大限度地减少人为因素造成的错误。重要的问题在于不留缺口,防止日后追加工程投资,增加工程造价。

1.1.1.2 工程量清单的编制依据

工程量清单的编制,主要是以计价规范、预算定额、设计文件(含设计报告、设计图集、设计概预算书)、招标文件及技术条款、有关的工程施工规范与工程验收规范、相关的法律法规及本地区相关的计价条例等为依据的。

1.1.2　工程量清单编制的程序与步骤

工程量清单编制的内容,应包括分类分项工程量清单、措施项目清单、其他项目清单和零星工作项目清单,且必须严格按照《水利计价规范》规定的计价规则和标准格式进行。在编制工程量清单时,应根据规范和招标图纸及其他有关要求对清单项目进行准确详细的描述,以保证投标企业正确理解各清单项目的内容,合理报价。

工程量清单编制的程序与步骤为:

(1)收集并熟悉有关资料文件,分析图纸确定清单分项。

收集设计文件(含设计报告、设计图集、设计概预算书)、招标文件初稿及技术条款、本地区相关的计价条例及造价信息,了解工程项目现场施工条件及业主的指导性意见等。分析设计图纸,确定清单分项。

工程量清单应由分类分项工程量清单、措施项目清单、其他项目清单和零星工作项目清单四部分组成。

(2)按分项及计算规则计算清单工程量,编制分类分项工程量清单、措施项目清单、其他项目清单和零星工作项目清单。

(3)按规范格式整理工程量清单,并提供工程量清单规范格式。

任务 1.2　编制分类分项工程量清单

在编制分类分项工程量清单时应根据设计文件及工程项目实际情况,依据计价规范、预算定额对原设计的各部分工程量进行重新计算并认真核对、审核,避免错漏项、少算或多算工程数量等现象发生。

1.2.1　分类分项工程量清单的内容与要求

分类分项工程量清单应包括序号、项目编码、项目名称、计量单位、工程数量、主要技术条款编码和备注等 7 个部分的内容。

根据《水利计价规范》附录 A 和附录 B 规定的项目编码、项目名称、项目主要特征、计量单位、工程量计算规则、主要工作内容和一般适用范围进行编制。主要满足以下要求:一是通过序号正确反映招标项目的各层次项目划分;二是通过项目编码严格约束各分类分项工程项目的主要特征、主要工作内容、适用范围和计量单位;三是通过工程量计算规则,明确招标项目计列的工程数量一律为有效工程量,施工过程中一切非有效工程量发生的费用,均应摊入有效工程量的工程单价中,防止和杜绝以往工程价款结算由于工程量计量不规范而引发的合同变更和索赔纠纷;四是应列明完成该分类分项工程项目应执行的相应主要技术条款,以确保施工质量符合国家标准;五是除上述要求以外的一些特殊因素,可在备注栏中予以说明。

水利工程工程量清单计价

1.2.1.1 项目编码

项目编码采用十二位阿拉伯数字表示(由左至右计位)。一至九位为统一编码,其中,一、二位为水利工程顺序码(50),三、四位为专业工程顺序码(建筑工程为01,安装工程为02),五、六位为分类工程顺序码(按工程分类进行编码,建筑工程分为14节130个子目,安装工程分为3节56个子目),七、八、九位为分项工程顺序码,十至十二位为清单项目名称顺序码。一至九位按本规范附录A和附录B的规定设置,不得变动;十至十二位根据招标工程的工程量清单项目名称由编制人设置,自001起顺序编码。

《水利工程工程量清单计价规范》(GB 50501—2007)项目编码与《建设工程工程量清单计价规范》(GB 50500—2003,现修订版为GB 50500—2013)项目编码的含义对照见表1-1。

表1-1 项目编码含义对照表

序号	项目名称		《水利工程工程量清单计价规范》	《建设工程工程量清单计价规范》
一	编码位数		十二位	十二位
二	其中	一至九位	统一编码	统一编码
		一、二位	水利工程顺序码,编码为50	附录顺序码,如附录A建筑工程工程量清单项目及计算规则,编码为01,附录B装饰装修工程工程量清单项目及计算规则,编码为02等
		三、四位	专业工程顺序码,建筑工程为50 01,安装工程为50 02	专业工程顺序码,如土(石)方工程为01 01,桩与地基基础工程为01 02等
		五、六位	分类工程顺序码,如石方开挖工程为5001 02	分部工程顺序码,如石方工程为0101 02
		七至九位	分项工程顺序码,如一般石方开挖为500102 001	分项工程项目名称顺序码,如石方开挖为010102 002
三	十至十二位		清单项目名称顺序码,如大坝基础一般石方开挖为500102001 001	清单项目名称顺序码,如1号楼基础石方开挖为010102002 001

当缺某分类分项工程时九位编码数会间断不连续,当在不同部位有相同分类分项工程时,则会重复出现相同的前九位编码;同一分类分项工程为了区分不同的部位、质量、材料、规格等,划分出多个清单项目时,无论这些清单项目编排位置相隔多远,都要在相同的前九位编码之后,十至十二位按清单项目出现的先后次序,自001起按不间断、不重复、不颠倒的顺序编制十至十二位自编码;不同分类工程中的不同分项工程子目应按照主次原则或实际需要在工程量清单中以主要分类分项工程列项计价,次要分类分项工程的费用摊入到主要分类分项工程有效工程量的单价中。

1.2.1.2 项目名称

项目名称应按附录A和附录B的项目名称及招标项目规模和范围,参照行业有关规定,并结合工程实际情况设置。分类分项工程量清单项目表见表1-2。若出现附录A、附录B中未包括的项目,编制人可作补充。

表 1-2 分类分项工程量清单项目表

节数	子目		备注
	项目编码	项目名称	
土方开挖工程 （编码 500101）	500101001 × × ×	场地平整	
	500101002 × × ×	一般土方开挖	
	500101003 × × ×	渠道土方开挖	
	500101004 × × ×	沟、槽土方开挖	
	500101005 × × ×	坑土方开挖	
	500101006 × × ×	砂砾石开挖	
	500101007 × × ×	平洞土方开挖	
	500101008 × × ×	斜洞土方开挖	
	500101009 × × ×	竖井土方开挖	
	500101010 × × ×	其他土方开挖工程	
石方开挖工程 （编码 500102）	500102001 × × ×	一般石方开挖	
	500102002 × × ×	坡面石方开挖	
	500102003 × × ×	渠道石方开挖	
	500102004 × × ×	沟、槽石方开挖	
	500102005 × × ×	坑石方开挖	
	500102006 × × ×	保护层石方开挖	
	500102007 × × ×	平洞石方开挖	
	500102008 × × ×	斜洞石方开挖	
	500102009 × × ×	竖井石方开挖	
	500102010 × × ×	洞室石方开挖	
	500102011 × × ×	窑洞石方开挖	
	500102012 × × ×	预裂爆破	
	500102013 × × ×	其他石方开挖工程	
土石方填筑工程 （编码 500103）	500103001 × × ×	一般土方填筑	
	500103002 × × ×	黏土料填筑	
	500103003 × × ×	人工掺和料填筑	
	500103004 × × ×	防渗风化料填筑	
	500103005 × × ×	反滤料填筑	
	500103006 × × ×	过渡层料填筑	
	500103007 × × ×	垫层料填筑	
	500103008 × × ×	堆石料填筑	
	500103009 × × ×	石渣料填筑	
	500103010 × × ×	石料抛投	
	500103011 × × ×	钢筋笼块石抛投	
	500103012 × × ×	混凝土块抛投	
	500103013 × × ×	袋装土方填筑	
	500103014 × × ×	土工合成材料铺设	
	500103015 × × ×	水下土石填筑体拆除	
	500103016 × × ×	其他土石方填筑工程	

续表 1-2

节数	子目		备注
	项目编码	项目名称	
疏浚和吹填工程 （编码 500104）	500104001××	船舶疏浚	
	500104002××	其他机械疏浚	
	500104003××	船舶吹填	
	500104004××	其他机械吹填	
	500104005××	其他疏浚和吹填工程	
砌筑工程 （编码 500105）	500105001××	干砌块石	
	500105002××	钢筋（铅丝）石笼	
	500105003××	浆砌块石	
	500105004××	浆砌卵石	
	500105005××	浆砌条（料）石	
	500105006××	砌砖	
	500105007××	干砌混凝土预制块	
	500105008××	浆砌混凝土预制块	
	500105009××	砌体拆除	
	500105010××	砌体砂浆抹面	
	500105011××	其他砌筑工程	
锚喷支护工程 （编码 500106）	500106001××	注浆黏结锚杆	
	500106002××	水泥卷锚杆	
	500106003××	普通树脂锚杆	
	500106004××	加强锚杆束	
	500106005××	预应力锚杆	
	500106006××	其他黏结锚杆	
	500106007××	单锚头预应力锚索	
	500106008××	双锚头预应力锚索	
	500106009××	岩石面喷浆	
	500106010××	混凝土面喷浆	
	500106011××	岩石面喷混凝土	
	500106012××	钢支撑加工	
	500106013××	钢支撑安装	
	500106014××	钢筋格构架加工	
	500106015××	钢筋格构架安装	
	500106016××	木支撑安装	
	500106017××	其他锚喷支护工程	
钻孔和灌浆工程 （编码 500107）	500107001××	砂砾石层帷幕灌浆（含钻孔）	
	500107002××	土坝（堤）劈裂灌浆（含钻孔）	
	500107003××	岩石层钻孔	
	500107004××	混凝土层钻孔	
	500107005××	岩石层帷幕灌浆	
	500107006××	岩石层固结灌浆	
	500107007××	回填灌浆（含钻孔）	
	500107008××	检查孔钻孔	
	500107009××	检查孔压水试验	
	500107010××	检查孔灌浆	
	500107011××	接缝灌浆	
	500107012××	接触灌浆	
	500107013××	排水孔	
	500107014××	化学灌浆	
	500107015××	其他钻孔和灌浆工程	

续表 1-2

节数	子目		备注
	项目编码	项目名称	
基础防渗和地基加固工程（编码 500108）	500108001×××	混凝土地下连续墙	
	500108002×××	高压喷射注浆连续防渗墙	
	500108003×××	高压喷射水泥搅拌桩	
	500108004×××	混凝土灌注桩(泥浆护壁钻孔灌注桩、锤击或振动沉管灌注桩)	
	500108005×××	钢筋混凝土预制桩	
	500108006×××	振冲桩加固地基	
	500108007×××	钢筋混凝土沉井	
	500108008×××	钢制沉井	
	500108009×××	其他基础防渗和地基加固工程	
混凝土工程（编码 500109）	500109001×××	普通混凝土	
	500109002×××	碾压混凝土	
	500109003×××	水下浇筑混凝土	
	500109004×××	膜袋混凝土	
	500109005×××	预应力混凝土	
	500109006×××	二期混凝土	
	500109007×××	沥青混凝土	
	500109008×××	止水工程	
	500109009×××	伸缩缝	
	500109010×××	混凝土凿除	
	500109011×××	其他混凝土工程	
模板工程（编码 500110）	500110001×××	普通模板	
	500110002×××	滑动模板	
	500110003×××	移置模板	
	500110004×××	其他模板工程	
钢筋、钢构件加工及安装工程（编码 500111）	500111001×××	钢筋加工及安装	
	500111002×××	钢构件加工及安装	
预制混凝土工程（编码 500112）	500112001×××	预制混凝土构件	
	500112002×××	预制混凝土模板	
	500112003×××	预制预应力混凝土构件	
	500112004×××	预应力钢筒混凝土(PCCP)输水管道安装	
	500112005×××	混凝土预制件吊装	
	500112006×××	其他预制混凝土工程	

续表 1-2

节数	子目		备注
	项目编码	项目名称	
原料开采及加工工程 （编码 500113）	500113001×××	黏性土料	
	500113002×××	天然砂料	
	500113003×××	天然卵石料	
	500113004×××	人工砂料	
	500113005×××	人工碎石料	
	500113006×××	块（堆）石料	
	500113007×××	条（料）石料	
	500113008×××	混凝土半成品料	
	500113009×××	其他原料开采及加工工程	
其他建筑工程 （编码 500114）	500114001×××	其他永久建筑工程	
	500114002×××	其他临时建筑工程	
机电设备安装工程 （编码 500201）	500201001×××	水轮机设备安装	
	500201002×××	水泵－水轮机设备安装	
	500201003×××	大型泵站水泵设备安装	
	500201004×××	调速器及油压装置设备安装	
	500201005×××	发电机设备安装	
	500201006×××	发电机－电动机设备安装	
	500201007×××	大型泵站电动机设备安装	
	500201008×××	励磁系统设备安装	
	500201009×××	主阀设备安装	
	500201010×××	桥式起重机设备安装	
	500201011×××	轨道安装	
	500201012×××	滑触线安装	
	500201013×××	水力机械辅助设备安装	
	500201014×××	发电电压设备安装	
	500201015×××	发电机－电动机静止变频 启动装置（SFC）安装	
	500201016×××	厂用电系统设备安装	
	500201017×××	照明系统安装	
	500201018×××	电缆安装及敷设	
	500201019×××	发电电压母线安装	
	500201020×××	接地装置安装	
	500201021×××	主变压器设备安装	
	500201022×××	高压电气设备安装	
	500201023×××	一次拉线安装	
	500201024×××	控制、保护、测量及信号 系统设备安装	
	500201025×××	计算机监控系统设备安装	
	500201026×××	直流系统设备安装	
	500201027×××	工业电视系统设备安装	
	500201028×××	通信系统设备安装	
	500201029×××	电工试验室设备安装	
	500201030×××	消防系统设备安装	
	500201031×××	通风、空调、采暖及其监控设备安装	
	500201032×××	机修设备安装	
	500201033×××	电梯设备安装	
	500201034×××	其他机电设备安装工程	

续表 1-2

节数	子目		备注
	项目编码	项目名称	
金属结构设备安装工程（编码 500202）	500202001×××	门式起重机设备安装	
	500202002×××	油压启闭机设备安装	
	500202003×××	卷扬式启闭机设备安装	
	500202004×××	升船机设备安装	
	500202005×××	闸门设备安装	
	500202006×××	拦污栅设备安装	
	500202007×××	一期埋件安装	
	500202008×××	压力钢管安装	
	500202009×××	其他金属结构设备安装工程	
安全监测设备采购及安装工程（编码 500203）	500203001×××	工程变形监测控制网设备采购及安装	
	500203002×××	变形监测设备采购及安装	
	500203003×××	应力、应变及温度监测设备采购及安装	
	500203004×××	渗流监测设备采购及安装	
	500203005×××	环境量监测设备采购及安装	
	500203006×××	水力学监测设备采购及安装	
	500203007×××	结构振动监测设备采购及安装	
	500203008×××	结构强振监测设备采购及安装	
	500203009×××	其他专项监测设备采购及安装	
	500203010×××	工程安全监测自动化采集系统设备采购及安装	
	500203011×××	工程安全监测信息管理系统设备采购及安装	
	500203012×××	特殊监测设备采购及安装	
	500203013×××	施工期观测、设备维护、资料整理分析	

1.2.1.3　计量单位

计量单位应按《水利计价规范》附录 A 和附录 B 中规定的计量单位确定。

1.2.1.4　工程数量

工程数量应按《水利计价规范》附录 A 和附录 B 中规定的工程量计算规则和相关条款说明计算，具体详见附录 A 和附录 B。其有效位数应遵守：以"立方米"、"平方米"、"米"、"公斤"、"个"、"项"、"根"、"块"、"台"、"组"、"面"、"只"、"相"、"站"、"孔"、"束"为单位的，应取整数；以"吨"、"公里"为单位的，应保留小数点后 2 位数字，第 3 位数字四舍五入。

1.2.1.5　主要技术条款编码

主要技术条款编码应按招标文件中相应技术条款的编码填写。

1.2.2 分类分项工程量清单的编制

1.2.2.1 建筑工程工程量清单的编制

水利建筑工程工程量清单项目,包括土方开挖工程,石方开挖工程,土石方填筑工程,疏浚和吹填工程,砌筑工程,锚喷支护工程,钻孔和灌浆工程,基础防渗和地基加固工程,混凝土工程,模板工程,钢筋、钢构件加工及安装工程,预制混凝土工程,原料开采及加工工程和其他建筑工程,共14节130个子目。

水利建筑工程按14个分类工程进行划分,有利于水利建筑工程工程量清单项目的最末一级项目划分简洁、准确,有利于工程投资按统一的分类工程进行统计、控制管理和对比分析。

分类工程中子目的设置力求全面和准确,根据项目主要特征结合主要工作内容和一般适用范围进行划分,补充了新材料、新技术、新工艺的有关项目,以适应水利建筑工程设计水平和施工技术发展的需要。

一、土方开挖工程(A.1)

(一)概况

本节共分10个子目。

1. 场地平整(500101001×××)

2. 一般土方开挖(500101002×××)

3. 渠道土方开挖(500101003×××)

4. 沟、槽土方开挖(500101004×××)

5. 坑土方开挖(500101005×××)

6. 砂砾石开挖(500101006×××)

7. 平洞土方开挖(500101007×××)

8. 斜洞土方开挖(500101008×××)

9. 竖井土方开挖(500101009×××)

10. 其他土方开挖工程(500101010×××)

土方开挖工程的土类分级,主要根据土质、坚固系数、自然湿容重分为Ⅰ、Ⅱ、Ⅲ、Ⅳ四个级别,可从外形特征和人力可开挖方式进行鉴别。

(二)工程量及项目编码

1. 场地平整(500101001×××)

指挖(填)平均厚度在0.5m以内的场地清理、平整工程。

场地平整按招标设计的场地平整面积计量。项目编码宜根据设计深度确定,可按不同部位、不同土类级别等进行编码,项目编码自500101001001起依次顺序编码,若设计深度难以区分不同部位、不同土类级别,可采用500101001001一个项目编码。

2. 一般土方开挖(500101002×××)

指除渠道、沟(槽)、坑土方开挖以外的一般土方明挖。包括场地平整工程中厚度超过0.5m的一般土方开挖。

一般土方开挖按招标设计图示轮廓尺寸计算的有效自然方体积计量。项目编码可按不同部位、不同土类级别、不同运距等分别进行编码,项目编码自500101002001起依次顺序编码。

3. 渠道土方开挖(500101003×××)

指底宽>3 m、长度>3倍宽度的渠道土方明挖。对于底宽>3 m、长度>3倍宽度的非渠道土方明挖,应视为一般土方开挖。

渠道土方开挖按招标设计图示轮廓尺寸计算的有效自然方体积计量。项目编码可按不同部位、不同土类级别、不同断面尺寸、不同运距等分别进行编码,项目编码自500101003001起依次顺序编码。

4. 沟、槽土方开挖(500101004×××)

指底宽≤3 m、长度>3倍宽度的沟、槽土方明挖。

沟、槽土方开挖按招标设计图示轮廓尺寸计算的有效自然方体积计量。项目编码可按不同部位、不同土类级别、不同断面尺寸、不同运距等分别进行编码,项目编码自500101004001起依次顺序编码。

5. 坑土方开挖(500101005×××)

指底宽≤3 m、长度≤3倍宽度、深度小于等于上口短边或直径的坑土方明挖。对于底宽≤3 m、长度≤3倍底宽、深度大于上口短边或直径的土方明挖,应视为竖井土方开挖。

坑土方开挖按招标设计图示轮廓尺寸计算的有效自然方体积计量。项目编码可按不同部位、不同土类级别、不同断面尺寸、不同运距等分别进行编码,项目编码自500101005001起依次顺序编码。

6. 砂砾石开挖(500101006×××)

指风化砂土层或砂砾(卵)石层明挖。一般为Ⅳ类土。

砂砾石开挖按招标设计图示轮廓尺寸计算的有效自然方体积计量。项目编码可按不同部位、不同运距等分别进行编码,项目编码自500101006001起依次顺序编码。

7. 平洞土方开挖(500101007×××)

指平洞轴线水平夹角≤6°的土方洞挖。

平洞土方开挖按招标设计图示轮廓尺寸计算的有效自然方体积计量。项目编码可按不同部位、不同土类级别、不同断面尺寸、不同运距等分别进行编码,项目编码自500101007001起依次顺序编码。

8. 斜洞土方开挖(500101008×××)

指洞轴线水平夹角为6°~75°(>6°且≤75°,下同)的土方洞挖。

斜洞土方开挖按招标设计图示轮廓尺寸计算的有效自然方体积计量。项目编码可按不同部位、不同土类级别、不同断面尺寸、不同运距等分别进行编码,项目编码自500101008001起依次顺序编码。

9. 竖井土方开挖(500101009×××)

指竖井轴线水平夹角>75°、深度大于上口短边或直径的土方井挖。

竖井土方开挖按招标设计图示轮廓尺寸计算的有效自然方体积计量。项目编码可按不同部位、不同土类级别、不同断面尺寸、不同运距等分别进行编码,项目编码自

500101009001 起依次顺序编码。

10. 其他土方开挖工程(500101010×××)

指除以上九类(500101001×××至500101009×××)以外的土方开挖工程项目。

其他土方开挖工程可按招标设计的有效工程量计量。项目编码可视具体情况,按不同部位、不同土方开挖工程等分别进行编码,项目编码自 500101010001 起依次顺序编码。

(三)其他

(1)夹有孤石的土方开挖中,大于 0.7 m³ 的孤石按石方开挖计量。

(2)土方开挖工程均包括弃土运输的工作内容,开挖与运输不在同一标段的工程,应分别选取开挖与运输的工作内容计量。

(3)开挖标段按招标设计图示轮廓尺寸计算的有效自然方体积计量,弃土运输标段按弃土土方的堆方体积计量,填筑料运输标段按填筑体的有效压实方体积计量。

(4)对于底宽>3 m、长度≤3 倍底宽、深度小于等于上口短边或直径的土方开挖应按一般土方开挖计量。

二、石方开挖工程(A.2)

(一)概况

本节共分 13 个子目。

1. 一般石方开挖(500102001×××)

2. 坡面石方开挖(500102002×××)

3. 渠道石方开挖(500102003×××)

4. 沟、槽石方开挖(500102004×××)

5. 坑石方开挖(500102005×××)

6. 保护层石方开挖(500102006×××)

7. 平洞石方开挖(500102007×××)

8. 斜洞石方开挖(500102008×××)

9. 竖井石方开挖(500102009×××)

10. 洞室石方开挖(500102010×××)

11. 窑洞石方开挖(500102011×××)

12. 预裂爆破(500102012×××)

13. 其他石方开挖工程(500102013×××)

石方开挖工程的岩石分级,主要根据岩石性质、容重、净钻时间、极限抗压强度和坚固系数分为 Ⅴ~ⅩⅥ 十二个级别。

(二)工程量及项目编码

1. 一般石方开挖(500102001×××)

指除坡面、渠道、沟(槽)、坑和保护层石方开挖外的一般石方明挖。

一般石方开挖按招标设计图示轮廓尺寸计算的有效自然方体积计量。项目编码可按不同部位、不同岩石级别、不同风化程度、不同运距等分别进行编码,项目编码自 500102001001 起依次顺序编码。

2. 坡面石方开挖(500102002×××)

指坡面倾角 >20°、厚度≤5 m(垂直坡西方向)的石方明挖。

坡面石方开挖按招标设计图示轮廓尺寸计算的有效自然方体积计量。项目编码可按不同部位、不同岩石级别、不同风化程度、不同运距等分别进行编码,项目编码自500102002001 起依次顺序编码。

3. 渠道石方开挖(500102003×××)

指底宽 >7 m、长度 >3 倍宽度的渠道石方明挖。

渠道石方开挖按招标设计图示轮廓尺寸计算的有效自然方体积计量。项目编码可按不同部位、不同岩石级别、不同风化程度、不同运距等分别进行编码,项目编码自500102003001 起依次顺序编码。

4. 沟、槽石方开挖(500102004×××)

指底宽≤7 m、长度 >3 倍宽度的沟、槽石方明挖。

沟、槽石方开挖按招标设计图示轮廓尺寸计算的有效自然方体积计量。项目编码可按不同部位、不同岩石级别、不同风化程度、不同断面尺寸、不同运距等分别进行编码,项目编码自500102004001 起依次顺序编码。

5. 坑石方开挖(500102005×××)

指底宽 <7 m、长度≤3 倍宽度、深度小于等于上口短边或直径的坑石方明挖。

坑石方开挖按招标设计图示轮廓尺寸计算的有效自然方体积计量。项目编码可按不同部位、不同岩石级别、不同风化程度、不同运距等分别进行编码,项目编码自500102005001 起依次顺序编码。

6. 保护层石方开挖(500102006×××)

指平面、坡面、立面的保护层石方明挖。

保护层石方开挖按招标设计图示轮廓尺寸计算的有效自然方体积计量。项目编码可按不同部位、不同岩石级别、不同运距等分别进行编码,项目编码自500102006001 起依次顺序编码。

7. 平洞石方开挖(500102007×××)

指平洞轴线水平夹角≤6°的石方洞挖。

平洞石方开挖按招标设计图示轮廓尺寸计算的有效自然方体积计量。项目编码可按不同部位、不同岩石级别、不同围岩类别、不同运距等分别进行编码,项目编码自500102007001 起依次顺序编码。

8. 斜洞石方开挖(500102008×××)

指洞轴线水平夹角为 6°~75°的石方洞挖。

斜洞石方开挖按招标设计图示轮廓尺寸计算的有效自然方体积计量。项目编码可按不同部位、不同岩石级别、不同围岩类别、不同运距等分别进行编码,项目编码自500102008001 起依次顺序编码。

9. 竖井石方开挖(500102009×××)

指洞轴线水平夹角 >75°、深度大于上口短边或直径的石方井挖。

竖井石方开挖按招标设计图示轮廓尺寸计算的有效自然方体积计量。项目编码可按不同部位、不同岩石级别、不同围岩类别、不同运距等分别进行编码,项目编码自

500102009001 起依次顺序编码。

10. 洞室石方开挖(500102010×××)

指开挖横断面较大,且轴线长度与宽度之比小于 10 的石方洞挖,如地下厂房、地下开关站、地下调压室等。

洞室石方开挖按招标设计图示轮廓尺寸计算的有效自然方体积计量。项目编码可按不同部位、不同岩石级别、不同围岩类别、不同运距等分别进行编码,项目编码自500102010001 起依次顺序编码。

11. 窑洞石方开挖(500102011×××)

指开挖横断面较大,轴线长度与宽度之比小于 5,且进口露明的石方洞挖,如半地下式厂房、半地下式开关站等。

窑洞石方开挖按招标设计图示轮廓尺寸计算的有效自然方体积计量。项目编码可按不同部位、不同岩石级别、不同围岩类别、不同运距等分别进行编码,项目编码自500102011001 起依次顺序编码。

12. 预裂爆破(500102012×××)

预裂爆破按招标设计图示轮廓尺寸计算的面积计量。项目编码可按不同部位、不同孔深、不同岩石级别等分别进行编码,项目编码自 500102012001 起依次顺序编码。

13. 其他石方开挖工程(500102013×××)

指除以上十二类以外的石方开挖工程。

其他石方开挖工程按招标设计的有效工程量计量。项目编码可视具体情况,按不同部位、不同石方开挖工程等分别进行编码,项目编码自 500102013001 起依次顺序编码。

(三)其他

(1)石方开挖均包括弃渣运输的工作内容,开挖与运输不在同一标段的工程,应分别选取开挖与运输的工作内容计量。

(2)开挖标段按招标设计图示轮廓尺寸计算的有效自然方体积计量,弃渣运输标段按弃渣石方的堆方体积计量,填筑料运输标段按填筑体的有效压实方体积计量。

(3)对于底宽>7 m、长度≤3 倍底宽,深度小于等于上口短边或直径的石方开挖应按一般石方开挖计量。

三、土石方填筑工程(A.3)

(一)概况

本节共分 16 个子目。

1. 一般土方填筑(500103001×××)

2. 黏土料填筑(500103002×××)

3. 人工掺和料填筑(500103003×××)

4. 防渗风化料填筑(500103004×××)

5. 反滤料填筑(500103005×××)

6. 过渡层料填筑(500103006×××)

7. 垫层料填筑(500103007×××)

8. 堆石料填筑(500103008×××)

9. 石渣料填筑(500103009 × × ×)

10. 石料抛投 (500103010 × × ×)

11. 钢筋笼块石抛投(500103011 × × ×)

12. 混凝土块抛投(500103012 × × ×)

13. 袋装土方填筑(500103013 × × ×)

14. 土工合成材料铺设(500103014 × × ×)

15. 水下土石填筑体拆除(500103015 × × ×)

16. 其他土石方填筑工程(500103016 × × ×)

(二)工程量及项目编码

1. 一般土方填筑(500103001 × × ×)

指土坝、土堤等一般土方填筑。

一般土方填筑按招标设计图示尺寸计算的填筑体有效压实方体积计量。项目编码可按不同部位、不同压实密度、不同运距等分别进行编码,项目编码自500103001001起依次顺序编码。

2. 黏土料填筑(500103002 × × ×)

指土石坝、围堰等的防渗体黏土料填筑。

黏土料填筑按招标设计图示尺寸计算的填筑体有效压实方体积计量。项目编码可按不同部位、不同压实密度、不同运距等分别进行编码,项目编码自500103002001起依次顺序编码。

3. 人工掺和料填筑(500103003 × × ×)

指土石坝、围堰等的防渗体掺和料填筑。

人工掺和料填筑按招标设计图示尺寸计算的填筑体有效压实方体积计量。项目编码可按不同部位、不同压实密度、不同运距等分别进行编码,项目编码自500103003001起依次顺序编码。

4. 防渗风化料填筑(500103004 × × ×)

指土石坝、围堰等的防渗体风化料填筑。

防渗风化料填筑按招标设计图示尺寸计算的填筑体有效压实方体积计量。项目编码可按不同部位、不同压实密度、不同运距等分别进行编码,项目编码自500103004001起依次顺序编码。

5. 反滤料填筑(500103005 × × ×)

指土石坝、围堰等的防渗体与过渡层料之间的反滤料及滤水坝趾反滤料填筑。

反滤料填筑按招标设计图示尺寸计算的填筑体有效压实方体积计量。项目编码可按不同部位、不同运距等分别进行编码,项目编码自500103005001起依次顺序编码。

6. 过渡层料填筑(500103006 × × ×)

指土石坝、围堰等的反滤料与坝壳之间的过渡层料填筑。

过渡层料填筑按招标设计图示尺寸计算的填筑体有效压实方体积计量。项目编码可按不同部位、不同运距等分别进行编码,项目编码自500103006001起依次顺序编码。

7. 垫层料填筑(500103007 × × ×)

指面板坝的面板与坝壳之间等的垫层料填筑。

垫层料填筑按招标设计图示尺寸计算的填筑体有效压实方体积计量。项目编码可按不同部位、不同运距等分别进行编码,项目编码自 500103007001 起依次顺序编码。

8. 堆石料填筑(500103008×××)

指坝体、堰体等堆石料填筑。

堆石料填筑按招标设计图示尺寸计算的填筑体有效压实方体积计量。项目编码可按不同部位、不同压实密度、不同运距等分别进行编码,项目编码自 500103008001 起依次顺序编码。

9. 石渣料填筑(500103009×××)

指坝体、堰体等石渣料填筑。

石渣料填筑按招标设计图示尺寸计算的填筑体有效压实方体积计量。项目编码可按不同部位、不同压实密度、不同运距等分别进行编码,项目编码自 500103009001 起依次顺序编码。

10. 石料抛投(500103010×××)

指抛投于水下的石料抛投。

石料抛投按招标设计要求以抛投体积计量。抛投体积按抛投石料的堆方体积计算。项目编码可按不同部位、不同运距等分别进行编码,项目编码自 500103010001 起依次顺序编码。

11. 钢筋笼块石抛投(500103011×××)

指抛投于水下的钢筋笼块石抛投。

钢筋笼块石抛投按招标设计要求以抛投体积计量。抛投体积按钢筋笼规格尺寸计算。项目编码可按不同部位、不同运距等分别进行编码,项目编码自 500103011001 起依次顺序编码。

12. 混凝土块抛投(500103012×××)

指抛投于水下的混凝土块抛投。

混凝土块抛投按招标设计要求以抛投体积计量。抛投体积按混凝土块规格尺寸计算。项目编码可按不同部位、不同运距等分别进行编码,项目编码自 500103012001 起依次顺序编码。

13. 袋装土方填筑(500103013×××)

指围堰、土堤等袋装土方填筑。

袋装土方填筑按招标设计图示尺寸计算的填筑体有效体积计量。项目编码可按不同部位、不同运距等分别进行编码,项目编码自 500103013001 起依次顺序编码。

14. 土工合成材料铺设(500103014×××)

指防渗结构的土工合成材料铺设。

土工合成材料铺设按招标设计图示尺寸计算的有效面积计量。项目编码可按不同部位、不同材质、不同规格等分别进行编码,项目编码自 500103014001 起依次顺序编码。

15. 水下土石填筑体拆除(500103015×××)

指围堰等水下土石填筑体拆除。

水下土石填筑体拆除工程按招标设计要求,以拆除前后水下地形变化计算的体积计量。项目编码可按不同部位、不同运距等分别进行编码,项目编码自500103015001起依次顺序编码。

16.其他土石方填筑工程(500103016×××)

指除以上十五类外的土石方填筑工程。

其他土石方填筑工程按招标设计的有效工程量计量。项目编码可视具体情况,按不同部位、不同土石方填筑工程等分别进行编码,项目编码自500103016001起依次顺序编码。

(三)其他

(1)填筑土石料的松实系数换算,应按现场土工试验资料确定,无现场土工试验资料时,需参照土石方松实系数换算表确定。

(2)抛投水下的抛填物,按抛填物的堆方体积或规格尺寸计算体积。

(3)钢筋笼块石的钢筋笼加工,按招标设计要求和钢筋、钢构件加工及安装工程的计量计价规则计算,摊入钢筋笼块石抛投工程量的工程单价中。

四、疏浚和吹填工程(A.4)

(一)概况

本节共分5个子目。

1.船舶疏浚(500104001×××)

2.其他机械疏浚(500104002×××)

3.船舶吹填(500104003×××)

4.其他机械吹填(500104004×××)

5.其他疏浚和吹填工程(500104005×××)

河道疏浚工程中泥土、粉细砂,根据土质、状态、塑性、密度等分为Ⅰ~Ⅶ七个级别;砂分为中砂、粗砂两大类别;水力冲挖机组土类分为Ⅰ~Ⅳ四个级别。

(二)工程量及项目编码

1.船舶疏浚(500104001×××)

指船舶在不同土壤中的水下疏浚,并排泥于指定地点。

船舶疏浚按招标设计图示轮廓尺寸计算的水下有效自然方体积计量。项目编码可按不同部位、不同土(砂)级别、排泥管线长度等分别进行编码,项目编码自500104001001起依次顺序编码。

2.其他机械疏浚(500104002×××)

指除船舶外其他机械在不同土壤中的水下疏浚,并排泥于指定地点。

其他机械疏浚按招标设计图示轮廓尺寸计算的水下有效自然方体积计量。项目编码可按不同部位、不同土(砂)级别、排泥管线长度等分别进行编码,项目编码自500104002001起依次顺序编码。

3.船舶吹填(500104003×××)

指采用船舶吹填坝、堤、淤积田地及场地。

船舶吹填按招标设计图示轮廓尺寸计算的水下有效自然方体积计量。项目编码可按不同部位、不同土(砂)级别、排泥管线长度等分别进行编码,项目编码自 500104003001 起依次顺序编码。

4.其他机械吹填(500104004×××)

指除采用船舶吹填方式外其他机械方式吹填坝、堤、淤积田地及场地。

其他机械吹填按招标设计图示轮廓尺寸计算的水下有效自然方体积计量。项目编码可按不同部位、不同土(砂)级别、排泥管线长度等分别进行编码,项目编码自 500104004001 起依次顺序编码。

5.其他疏浚和吹填工程(500104005×××)

指除以上四类以外的其他疏浚和吹填工程。

其他疏浚和吹填工程按招标设计的有效工程量计量。项目编码可视具体情况,按不同部位、不同疏浚和吹填工程等分别进行编码,项目编码自 500104005001 起依次顺序编码。

(三)其他

(1)疏浚和吹填工程的土(砂)分级,按《水利计价规范》表 A.4.2-1 确定。水力冲挖机组的土类分级,按《水利计价规范》表 A.4.2-2 确定。

(2)利用疏浚工程排泥进行吹填的工程,疏浚和吹填价格分界按招标设计文件的规定执行。

五、砌筑工程(A.5)

(一)概况

本节共分 11 个子目。

1.干砌块石(500105001×××)

2.钢筋(铅丝)石笼(500105002×××)

3.浆砌块石(500105003×××)

4.浆砌卵石(500105004×××)

5.浆砌条(料)石(500105005×××)

6.砌砖(5001050006×××)

7.干砌混凝土预制块(500105007×××)

8.浆砌混凝土预制块(500105008×××)

9.砌体拆除(500105009×××)

10.砌体砂浆抹面(500105010×××)

11.其他砌筑工程(500105011×××)

(二)工程量及项目编码

1.干砌块石(500105001×××)

指干砌块石挡墙、护坡等。

干砌块石按招标设计图示尺寸计算的有效砌筑体积计量。项目编码可按不同部位、结构形式等分别进行编码,项目编码自 500105001001 起依次顺序编码。

2.钢筋(铅丝)石笼(500105002×××)

指钢筋(铅丝)石笼护坡、护底等。

钢筋(铅丝)石笼按招标设计图示尺寸计算的有效砌筑体积计量。项目编码可按不同部位、结构形式等分别进行编码,项目编码自500105002001起依次顺序编码。

3.浆砌块石(500105003×××)

指浆砌块石挡墙、护坡、排水沟、渠道等。

浆砌块石按招标设计图示尺寸计算的有效砌筑体积计量。项目编码可按不同部位、结构形式等分别进行编码,项目编码自500105003001起依次顺序编码。

4.浆砌卵石(500105004×××)

指浆砌卵石挡墙、护坡、排水沟、渠道等。

浆砌卵石按招标设计图示尺寸计算的有效砌筑体积计量。项目编码可按不同部位、结构形式等分别进行编码,项目编码自500105004001起依次顺序编码。

5.浆砌条(料)石(500105005×××)

指浆砌条(料)石挡墙、护坡、墩、台、堰、低坝、拱圈、衬砌等。

浆砌条(料)石按招标设计图示尺寸计算的有效砌筑体积计量。项目编码可按不同部位、结构形式等分别进行编码,项目编码自500105005001起依次顺序编码。

6.砌砖(500105006×××)

指砖砌墙、柱、基础等。

砌砖按招标设计图示尺寸计算的有效砌筑体积计量。项目编码可按不同部位、结构形式等分别进行编码,项目编码自500105006001起依次顺序编码。

7.干砌混凝土预制块(500105007×××)

指挡墙、隔墙等干砌混凝土预制块。

干砌混凝土预制块按招标设计图示尺寸计算的有效砌筑体积计量。项目编码可按不同部位、结构形式等分别进行编码,项目编码自5001050001起依次顺序编码。

8.浆砌混凝土预制块(500105008×××)

指挡墙、隔墙、护坡、护底、墩、台等浆砌混凝土预制块。

浆砌混凝土预制块按招标设计图示尺寸计算的有效砌筑体积计量。项目编码可按不同部位、结构形式等分别进行编码,项目编码自500105008001起依次顺序编码。

9.砌体拆除(500105009×××)

指挡墙、隔墙、护坡、护底、墩、台等各种形式的砌体拆除。

砌体拆除按招标设计图示尺寸计算的拆除体积计量。项目编码可按不同部位、结构形式等分别进行编码,项目编码自500105009001起依次顺序编码。

10.砌体砂浆抹面(500105010×××)

指挡墙、隔墙、护坡、护底、墩、台等各种形式砌体砂浆抹面。

砌体砂浆抹面按招标设计图示尺寸计算的有效抹面面积计量。项目编码可按不同部位、结构形式等分别进行编码,项目编码自500105010001起依次顺序编码。

11.其他砌筑工程(500105011×××)

指除以上十类外的其他砌筑工程。

其他砌筑工程按招标设计的有效工程量计量。项目编码可视具体情况,按不同部位、不同砌筑工程等分别进行编码,项目编码自500105011001起依次顺序编码。

（三）其他

钢筋（铅丝）石笼笼体加工和砌筑体拉结筋，按招标设计图示和钢筋、钢构件加工及安装工程的计量计价规则计算，分别摊入钢筋（铅丝）石笼和埋有拉结筋砌筑体的有效工程量的工程单价中。

六、锚喷支护工程（A.6）

（一）概况

本节共分17个子目。

1. 注浆黏结锚杆（500106001×××）

2. 水泥卷锚杆（500106002×××）

3. 普通树脂锚杆（500106003×××）

4. 加强锚杆束（500106004×××）

5. 预应力锚杆（500106005×××）

6. 其他黏结锚杆（500106006×××）

7. 单锚头预应力锚索（500106007×××）

8. 双锚头预应力锚索（500106008×××）

9. 岩石面喷浆（500106009×××）

10. 混凝土面喷浆（500106010×××）

11. 岩石面喷混凝土（500106011×××）

12. 钢支撑加工（500106012×××）

13. 钢支撑安装（500106013×××）

14. 钢筋格构架加工（500106014×××）

15. 钢筋格构架安装（500106015×××）

16. 木支撑安装（500106016×××）

17. 其他锚喷支护工程（500106017×××）

（二）工程量及项目编码

1. 注浆黏结锚杆（500106001×××）

指岩体的永久性锚固及施工期的临时性支护等采用的注浆黏结锚杆。

注浆黏结锚杆根据招标设计的有效根数计量。项目编码可按不同部位、锚杆钢筋强度等级、直径、锚孔深度等分别进行编码，项目编码自500106001001起依次顺序编码。

2. 水泥卷锚杆（500106002×××）

指岩体的永久性锚固及施工期的临时性支护等采用的水泥卷锚杆。

水泥卷锚杆根据招标设计的有效根数计量。项目编码可按不同部位、锚杆钢筋强度等级、直径、锚孔深度等分别进行编码，项目编码自500106002001起依次顺序编码。

3. 普通树脂锚杆（500106003×××）

指岩体的永久性锚固及施工期的临时性支护等采用的普通树脂锚杆。

普通树脂锚杆根据招标设计的有效根数计量。项目编码可按不同部位、锚杆钢筋强度等级、直径、锚孔深度等分别进行编码，项目编码自500106003001起依次顺序编码。

4. 加强锚杆束（500106004×××）

指岩体的永久性锚固及施工期的临时性支护等采用的加强锚杆束。

加强锚杆束根据招标设计的有效束数计量。项目编码可按不同部位、锚杆钢筋强度等级、直径、锚孔深度等分别进行编码,项目编码自500106004001起依次顺序编码。

5. 预应力锚杆(500106005×××)

指岩体的永久性锚固及施工期的临时性支护等采用的预应力锚杆。

预应力锚杆根据招标设计的有效根数计量。项目编码可按不同部位、锚杆钢筋强度等级、直径、锚孔深度等分别进行编码,项目编码自500106005001起依次顺序编码。

6. 其他黏结锚杆(500106006×××)

指岩体的永久性锚固及施工期的临时性支护等采用的其他黏结锚杆。

其他黏结锚杆按招标设计的有效根数计量。项目编码可按不同部位、锚杆钢筋强度等级、直径、锚孔深度等分别进行编码,项目编码自500106006001起依次顺序编码。

7. 单锚头预应力锚索(500106007×××)

指岩体的永久性锚固等采用的单锚头预应力锚索。

单锚头预应力锚索根据招标设计的有效束数计量。项目编码可按不同部位、锚索预应力强度等级、锚索孔深等分别进行编码,项目编码自500106007001起依次顺序编码。

8. 双锚头预应力锚索(500106008×××)

指岩体的永久性锚固等采用的双锚头预应力锚索。

双锚头预应力锚索根据招标设计的有效束数计量。项目编码可按不同部位、锚索预应力强度等级、锚索孔深等分别进行编码,项目编码自500106008001起依次顺序编码。

9. 岩石面喷浆(500106009×××)

指岩石边坡及洞挖围岩等采用的岩石面喷浆。

岩石面喷浆按招标设计的喷浆面积计量。项目编码可按不同部位、不同砂浆强度和配合比、不同喷浆厚度等分别进行编码,项目编码自500106009001起依次顺序编码。

10. 混凝土面喷浆(500106010×××)

指混凝土表面采用的混凝土面喷浆。

混凝土面喷浆按招标设计的喷浆面积计量。项目编码可按不同部位、不同砂浆强度和配合比、不同喷浆厚度等分别进行编码,项目编码自500106010001起依次顺序编码。

11. 岩石面喷混凝土(500106011×××)

指岩石边坡及洞挖围岩采用的岩石面喷混凝土。

岩石面喷混凝土按招标设计的有效实体方体积计量。项目编码可按不同部位、不同混凝土强度、有筋无筋、不同厚度等分别进行编码,项目编码自500106011001起依次顺序编码。

12. 钢支撑加工(500106012×××)

指不拆除的临时性支护采用的钢支撑加工。

钢支撑加工按招标设计的钢支撑有效重量计量。项目编码可按不同部位分别进行编码,项目编码自500106012001起依次顺序编码。

13. 钢支撑安装(500106013×××)

指不拆除的临时性支护采用的钢支撑安装。

钢支撑安装按招标设计的钢支撑有效重量计量。项目编码可按不同部位分别进行编码,项目编码自500106013001起依次顺序编码。

14.钢筋格构架加工(500106014×××)

指不拆除的临时性支护采用的钢筋格构架加工。

钢筋格构架加工按招标设计的钢筋格构架有效重量计量。项目编码可按不同部位分别进行编码,项目编码自500106014001起依次顺序编码。

15.钢筋格构架安装(500106015×××)

指不拆除的临时性支护采用的钢筋格构架安装。

钢筋格构架安装按招标设计的钢筋格构架有效重量计量。项目编码可按不同部位分别进行编码,项目编码自500106015001起依次顺序编码。

16.木支撑安装(500106016×××)

指临时性支护采用的木支撑安装。

木支撑安装按招标设计需耗用的木材体积计量。项目编码可按不同部位分别进行编码,项目编码自500106016001起依次顺序编码。

17.其他锚喷支护工程(500106017×××)

指除以上十六类外的其他锚喷支护工程。其他锚喷支护工程按招标设计的有效工程量计量。项目编码可视具体情况,按不同部位、不同锚喷支护工程等分别进行编码,项目编码自500106017001起依次顺序编码。

(三)其他

(1)锚杆和锚索钻孔的岩石分级,按《水利计价规范》表A.2.2确定。

(2)喷浆和喷混凝土工程中如设有钢筋网,按钢筋、钢构件加工及安装工程的计量计价规则另行计量计价。

七、钻孔和灌浆工程(A.7)

(一)概况

本节共分15个子目。

1.砂砾石层帷幕灌浆(含钻孔)(500107001×××)

2.土坝(堤)劈裂灌浆(含钻孔)(500107002×××)

3.岩石层钻孔(500107003×××)

4.混凝土层钻孔(500107004×××)

5.岩石层帷幕灌浆(500107005×××)

6.岩石层固结灌浆(500107006×××)

7.回填灌浆(含钻孔)(500107007×××)

8.检查孔钻孔(500107008×××)

9.检查孔压水试验(500107009×××)

10.检查孔灌浆(500107010×××)

11.接缝灌浆(500107011×××)

12.接触灌浆(500107012×××)

13.排水孔(500107013×××)

14. 化学灌浆(500107014×××)

15. 其他钻孔和灌浆工程(500107015×××)

(二)工程量及项目编码

1. 砂砾石层帷幕灌浆(含钻孔)(500107001×××)

指坝(堤)基砂砾石层防渗帷幕灌浆。

砂砾石层帷幕灌浆(含钻孔)按招标设计图示尺寸计算的有效灌浆长度计量。项目编码可按不同部位、不同单位干料耗量等分别进行编码,项目编码自 500107001001 起依次顺序编码。

2. 土坝(堤)劈裂灌浆(含钻孔)(500107002×××)

指土坝、土堤的劈裂灌浆。

土坝(堤)劈裂灌浆(含钻孔)按招标设计图示尺寸计算的有效灌浆长度计量。项目编码可按不同部位、不同灌浆材料、不同单位干料耗量等分别进行编码,项目编码自 500107002001 起依次顺序编码。

3. 岩石层钻孔(500107003×××)

指岩石层先导孔、灌浆孔、观测孔等钻孔。

岩石层钻孔按招标设计图示尺寸计算的有效钻孔进尺计量。项目编码可按不同部位、不同地层和岩石级别、不同用途、不同孔径等分别进行编码,项目编码自500107003001 起依次顺序编码。

4. 混凝土层钻孔(500107004×××)

指混凝土层先导孔、灌浆孔、观测孔等钻孔。

混凝土层钻孔按招标设计图示尺寸计算的有效钻孔进尺计量。项目编码可按不同部位、不同用途、不同孔径等分别进行编码,项目编码自 500107004001 起依次顺序编码。

5. 岩石层帷幕灌浆(500107005×××)

指坝(堤)基等岩石的防渗帷幕灌浆。

岩石层帷幕灌浆按招标设计图示尺寸计算的有效灌浆长度或直接用于灌浆的水泥及掺和料的净干耗量计量。项目编码可按不同部位、不同透水率、不同注浆材料、不同灌浆程序等分别进行编码,项目编码自 500107005001 起依次顺序编码。

6. 岩石层固结灌浆(500107006×××)

指坝(堤)基、地下洞室等岩石的固结灌浆。

岩石层固结灌浆按招标设计图示尺寸计算的有效灌浆长度或直接用于灌浆的水泥及掺和料的净干耗量计量。项目编码可按不同部位、不同透水率等分别进行编码,项目编码自 500107006001 起依次顺序编码。

7. 回填灌浆(含钻孔)(500107007×××)

指衬砌混凝土与岩石面或充填混凝土与钢衬之间的缝隙回填灌浆。

回填灌浆按招标设计图示尺寸计算的有效灌浆面积计量。项目编码可按不同部位等分别进行编码,项目编码自 500107007001 起依次顺序编码。

8. 检查孔钻孔(500107008×××)

指灌浆效果检查、混凝土浇筑质量检查孔钻孔。

检查孔钻孔按招标设计的有效钻孔进尺计量。项目编码可按不同部位分别进行编码,项目编码自500107008001起依次顺序编码。

9. 检查孔压水试验(500107009×××)

指灌浆效果检查、混凝土浇筑质量检查的检查孔压水试验。

检查孔压水试验按招标设计的压水试验试段数计量。项目编码可按不同部位、不同压水试验方法等分别进行编码,项目编码自500107009001起依次顺序编码。

10. 检查孔灌浆(500107010×××)

指灌浆效果检查、混凝土浇筑质量检查的检查孔灌浆。

检查孔灌浆按招标设计的有效灌浆长度计量。项目编码可按不同部位分别进行编码,项目编码自500107010001起依次顺序编码。

11. 接缝灌浆(500107011×××)

指混凝土的施工缝灌浆。

接缝灌浆按招标设计图示的混凝土施工缝面积计量。项目编码可按不同部位分别进行编码,项目编码自500107011001起依次顺序编码。

12. 接触灌浆(500107012×××)

指混凝土面与岩石面之间接触缝的灌浆。

接触灌浆按招标设计图示的混凝土施工缝面积计量。项目编码可按不同部位、不同灌浆材料等分别进行编码,项目编码自500107012001起依次顺序编码。

13. 排水孔(500107013×××)

指混凝土、岩体的排水孔。

排水孔按招标设计图示尺寸计算的有效钻孔进尺计量。项目编码可按不同部位、不同岩石级别等分别进行编码,项目编码自500107013001起依次顺序编码。

14. 化学灌浆(500107014×××)

指混凝土裂缝处理、岩石微细裂隙或破碎带处理、防渗堵漏、固结补强等采用的化学灌浆。

化学灌浆按招标设计图示化学灌浆区域需要化学灌浆材料的有效重量计量。项目编码可按不同部位、不同灌浆材料等分别进行编码,项目编码自500107014001起依次顺序编码。

15. 其他钻孔和灌浆工程(500107015×××)

指除以上十四类外的其他钻孔和灌浆工程。

其他钻孔和灌浆工程按招标设计的有效工程量计量。项目编码可视具体情况,按不同部位、不同钻孔和灌浆工程等分别进行编码,项目编码自500107015001起依次顺序编码。

(三)其他

(1)岩石层钻孔的岩石分级,按《水利计价规范》表A.2.2和表A.7.2-1确定。砂砾石层钻孔地层分类,按《水利计价规范》表A.7.2-2确定。

(2)直接用于灌浆的水泥或掺和料的干耗量按设计净耗灰量计量。

(3)钻孔和灌浆工程的工作内容不包括招标文件规定按总价报价的钻孔取芯样的检

验试验费和灌浆试验费。

八、基础防渗和地基加固工程(A.8)

(一)概况

本节共分9个子目。

1.混凝土地下连续墙(500108001×××)

2.高压喷射注浆连续防渗墙(500108002500108004×××)

3.高压喷射水泥搅拌桩(500108003×××)

4.混凝土灌注桩(500108004×××)

5.钢筋混凝土预制桩(500108005×××)

6.振冲桩加固地基(500108006×××)

7.钢筋混凝土沉井(500108007×××)

8.钢制沉井(500108008×××)

9.其他基础防渗和地基加固工程(500108009×××)

(二)工程量及项目编码

1.混凝土地下连续墙(500108001×××)

指在砂卵石或松散土地基中建造防渗墙、支护墙、防冲墙、承重墙等采用的混凝土地下连续墙。

混凝土地下连续墙按招标设计的有效连续墙体截水面积计量。项目编码可根据不同部位、不同地层类别、不同墙厚、不同墙深、不同混凝土强度等级等分别进行编码,项目编码自500108001001起依次顺序编码。

2.高压喷射注浆连续防渗墙(500108002×××)

指松散透水地基防渗处理采用的高压喷射注浆连续防渗墙。

高压喷射注浆连续防渗墙按招标设计的有效连续墙体截水面积计量。项目编码可根据不同部位、不同地层类别、不同墙厚、不同墙深、不同高喷材料材质等分别进行编码,项目编码自500108002001起依次顺序编码。

3.高压喷射水泥搅拌桩(500108003×××)

指软弱地基加固采用的高压喷射水泥搅拌桩。

高压喷射水泥搅拌桩按招标设计的有效成孔长度计量。项目编码可根据不同部位、不同地层类别、不同桩径、不同桩长等分别进行编码,项目编码自500108003001起依次顺序编码。

4.混凝土灌注桩(500108004×××)

指软弱地基加固采用的混凝土灌注桩。

混凝土灌注桩按招标设计的造孔(沉管)灌注桩灌注混凝土有效体积(不含灌注于桩顶设计高程以上需要挖去的混凝土)计量。项目编码可根据不同部位、不同岩土类别、不同桩径、不同桩长、不同混凝土强度等级等分别进行编码,项目编码自500108004001起依次顺序编码。

5.钢筋混凝土预制桩(500108005×××)

指软弱地基加固采用的钢筋混凝土预制桩。

钢筋混凝土预制桩按招标设计的有效根数计量。项目编码可根据不同部位、不同岩土类别、不同桩径、不同桩长、不同混凝土强度等级等分别进行编码,项目编码自500108005001起依次顺序编码。

6. 振冲桩加固地基(500108006×××)

指软弱地基加固采用的振冲桩加固地基。

振冲桩加固地基按招标设计的有效振冲成孔长度计量。项目编码可根据不同部位、不同岩土类别、不同孔径、不同孔深、不同填料种类及材质等分别进行编码,项目编码自500108006001起依次顺序编码。

7. 钢筋混凝土沉井(500108007×××)

指软弱地基加固采用的钢筋混凝土沉井。

钢筋混凝土沉井按招标设计的水面(或地面)以下的有效空间体积计量。项目编码可根据不同部位、不同岩土类别、不同井径、不同井深、不同井壁厚度等分别进行编码,项目编码自500108007001起依次顺序编码。

8. 钢制沉井(500108008×××)

指软弱地基加固采用的钢制沉井。

钢制沉井按招标设计的水面(或地面)以下的有效空间体积计量。项目编码可根据不同部位、不同岩土类别、不同井径 、不同井深、不同井壁厚度等分别进行编码,项目编码自500108008001起依次顺序编码。

9. 其他基础防渗和地基加固工程(500108009×××)

指除以上八类外的其他基础防渗和地基加固工程。

其他基础防渗和地基加固工程按招标设计的有效工程量计量。项目编码可视具体情况,按不同部位、不同基础防渗和地基加固工程等分别进行编码,项目编码自500108009001起依次顺序编码。

(三)其他

土类分级,按《水利计价规范》表 A.1.2 确定。岩石分级,按《水利计价规范》表 A.2.2和表 A.7.2-1 确定。钻孔地层分类,按《水利计价规范》表 A.7.2-2 确定。

九、混凝土工程(A.9)

(一)概况

本节共分11个子目。

1. 普通混凝土(500109001×××)

2. 碾压混凝土(500109002×××)

3. 水下浇筑混凝土(500109003×××)

4. 膜袋混凝土(500109004×××)

5. 预应力混凝土(500109005×××)

6. 二期混凝土(500109006×××)

7. 沥青混凝土(500109007×××)

8. 止水工程(500109008×××)

9. 伸缩缝(500109009×××)

10. 混凝土凿除(500109010×××)

11. 其他混凝土工程（500109011×××）

（二）工程量及项目编码

1. 普通混凝土(500109001×××)

指坝、堤、堰、梁、板、柱、墙、排架、墩、台、屋面及衬砌等采用的普通混凝土。

普通混凝土按招标设计的有效实体方体积计量。项目编码可根据不同部位、不同龄期、不同强度等级、不同级配及不同抗渗、抗冻、抗磨等分别进行编码，项目编码自500109001001起依次顺序编码。

2. 碾压混凝土(500109002×××)

指坝、堤、围堰等采用的碾压混凝土。

碾压混凝土按招标设计的有效实体方体积计量。项目编码可根据不同部位、不同龄期、不同强度等级、不同级配及不同抗渗、抗冻等分别进行编码，项目编码自500109002001起依次顺序编码。

3. 水下浇筑混凝土(500109003×××)

指围堰、防渗墙、墩台基础、建筑物修补等采用的水下浇筑混凝土。

水下浇筑混凝土按招标设计的浇筑前后水下地形变化计算的有效体积计量。项目编码可根据不同部位、不同强度等级、不同级配等分别进行编码，项目编码自500109003001起依次顺序编码。

4. 膜袋混凝土(500109004×××)

指渠道边坡防护、河岸护坡、水下建筑物修补等采用的膜袋混凝土。

膜袋混凝土按招标设计的有效实体方体积计量。项目编码可根据不同部位、不同膜袋规格、不同强度等级、不同级配等分别进行编码，项目编码自500109004001起依次顺序编码。

5. 预应力混凝土(500109005×××)

指预应力闸墩，预应力梁、柱、渡槽等采用的预应力混凝土。

预应力混凝土按招标设计的有效实体方体积计量。钢筋、锚索、钢管、钢构件、埋件等所占用的空间体积不予扣除。项目编码可根据不同部位、不同张拉等级、不同强度等级、不同级配等分别进行编码，项目编码自500109005001起依次顺序编码。

6. 二期混凝土(500109006×××)

指机电和金属结构设备基础埋件(如蜗壳、闸门槽等)的二期混凝土及预留宽槽、封闭块的二期混凝土。

二期混凝土按招标设计的有效实体方体积计量。钢筋和埋件等所占用的空间不予扣除。项目编码可根据不同部位、不同强度等级、不同级配等分别进行编码，项目编码自500109006001起依次顺序编码。

7. 沥青混凝土(500109007×××)

指土石坝、蓄水池等采用的沥青混凝土。

沥青混凝土，防渗心墙及防渗面板的防渗层、整平胶结层和加厚层沥青混凝土按招标设计的有效体积计量。封闭层按招标设计的有效面积计量。项目编码可根据不同部位、不同沥青混凝土配合比等分别进行编码,项目编码自500109007001起依次顺序编码。

8. 止水工程(500109008×××)

指混凝土或钢筋混凝土建筑物中,承受水压力的结构缝内设置的止水或防水系统。

止水按招标设计的有效长度计量。项目编码可根据不同部位、不同止水材料、不同规格等分别进行编码,项目编码自500109008001起依次顺序编码。

9. 伸缩缝(500109009×××)

指混凝土建筑物中的伸缩缝。

伸缩缝按招标设计的有效面积计量。项目编码可根据不同部位、不同填料种类等分别进行编码,项目编码自500109009001起依次顺序编码。

10. 混凝土凿除(500109010×××)

指较小体积的混凝土凿除。

混凝土凿除按招标设计的实体方体积计量。项目编码可根据不同部位分别进行编码,项目编码自500109010001起依次顺序编码。

11. 其他混凝土工程(500109011×××)

指除以上十类外的其他混凝土工程。

其他混凝土工程按招标设计的有效工程量计量。项目编码可视具体情况,按不同部位、不同混凝土工程等分别进行编码,项目编码自500109011001起依次顺序编码。

(三)其他

(1)混凝土工程中,体积小于0.1 m³的圆角或斜角,钢筋和金属件占用的空间体积小于0.1 m³或截面小于0.1 m³的孔洞、排水管、预埋管和凹槽等的工程量不予扣除。按设计要求对上述孔洞所回填的混凝土也不重复计量。

(2)温控混凝土中的温控措施费应摊入相应温控混凝土的工程单价中。预埋冷却水管等所发生的费用,应摊入相应混凝土有效工程量的工程单价中。

(3)混凝土冬季施工中对原材料(如砂石料)加湿、热水拌和、成品混凝土的保温等措施所发生的冬季施工增加费应包含在相应混凝土的工程单价中。

(4)混凝土拌和与浇筑分属两个投标人时,价格分界点按招标文件的规定执行。

(5)当开挖与混凝土浇筑分属两个投标人时,混凝土工程按开挖实测断面计算工程量,相应由于超挖引起的超填量所发生的费用,不应摊入混凝土有效工程量的工程单价中。

(6)招标人如要求将模板使用费摊入混凝土工程单价中,各摊入模板使用费的混凝土工程单价应包括模板周转使用摊销费。

十、模板工程(A.10)

(一)概况

本节共分4个子目。

1. 普通模板(500110001×××)

2. 滑动模板(500110002×××)

3. 移置模板(500110003×××)

4. 其他模板工程(500110004×××)

(二) 工程量及项目编码

1. 普通模板(500110001×××)

指浇筑混凝土采用的平面模板、曲面模板、异型模板、预制混凝土模板等普通模板。

普通模板按招标设计的有效立模面积计量。项目编码可根据不同部位、不同模板类型、不同材质、不同支撑形式等分别进行编码,项目编码自500110001001起依次顺序编码。

2. 滑动模板(500110002×××)

指用于溢流面、混凝土面板、闸墩、立柱、竖井等混凝土浇筑的滑动模板。

滑动模板按招标设计的有效立模面积计量。项目编码可根据不同部位、不同模板结构尺寸等分别进行编码,项目编码自500110002001起依次顺序编码。

3. 移置模板(500110003×××)

指模板台车、针梁模板、爬升模板等移置模板。

移置模板按招标设计的有效立模面积计量。项目编码可根据不同部位、不同模板类型、不同模板结构尺寸等分别进行编码,项目编码自500110003001起依次顺序编码。

4. 其他模板工程(500110004×××)

指除以上三类外的其他模板工程。

其他模板工程按招标设计的有效工程量计量。项目编码可视具体情况,按不同部位、不同模板工程等分别进行编码,项目编码自500110004001起依次顺序编码。

(三)其他

(1)模板工程中的普通模板包括平面模板、曲面模板、异型模板、预制混凝土模板等。

(2)立模面积为混凝土与模板的接触面积,坝体纵、横缝键槽模板的立模面积按各立模面在竖直面上的投影面积计算(与无键槽的纵、横缝立模面积计算相同)。

(3)模板按招标设计的混凝土建筑物(包括碾压混凝土和沥青混凝土)结构体形、浇筑分块和跳块顺序要求所需有效立模面积计量。不与混凝土面接触的模板面积不予计量。

(4)不构成混凝土永久结构、作为模板周转使用的预制混凝土模板,应计入吊运、吊装的费用。构成永久结构的预制混凝土模板,按预制混凝土构件计算。

(5)模板制作安装中所用钢筋、小型钢构件,应摊入相应模板有效工程量的工程单价中。

(6)模板工程结算的工程量,按实际完成进行周转使用的有效立模面积计算。

十一、钢筋、钢构件加工及安装工程(A.11)

(一)概况

本节共分2个子目。

1. 钢筋加工及安装(500111001×××)

2. 钢构件加工及安装 (500111002×××)

(二)工程量及项目编码

1. 钢筋加工及安装（500111001×××）

指钢筋混凝土、喷混凝土（浆）、砌筑体等采用的钢筋。

钢筋加工及安装均按招标设计的有效重量计量。项目编码可根据不同部位、不同钢筋牌号、不同型号规格等分别进行编码，项目编码自500111001001起依次顺序编码。

2. 钢构件加工及安装（500111002×××）

指采用钢材（如型材、管材、板材、钢筋等）制成的构件、埋件。

钢构件加工及安装按招标设计的钢构件有效重量计量。项目编码可根据不同部位、不同钢筋牌号、不同型号规格等分别进行编码，项目编码自500111002001起依次顺序编码。

（三）其他

钢构件加工及安装有效重量中不扣减切胶、切边和孔眼的重量，不增加电焊条、铁钉和螺栓的重量。

十二、预制混凝土工程（A.12）

（一）概况

本节共分6个子目。

1. 预制混凝土构件（500112001×××）

2. 预制混凝土模板（500112002×××）

3. 预制预应力混凝土构件（500112003×××）

4. 预应力钢筒混凝土（PCCP）输水管道安装（500112004×××）

5. 混凝土预制件吊装（500112005×××）

6. 其他预制混凝土工程（500112006×××）

（二）工程量及项目编码

1. 预制混凝土构件（500112001×××）

指梁、板、拱、块、桩、渡槽、排架等采用的预制混凝土构件。

预制混凝土构件按招标设计的有效实体方体积计量。项目编码可根据不同部位、不同混凝土强度等级、不同构件结构尺寸等分别进行编码，项目编码自500112001001起依次顺序编码。

2. 预制混凝土模板（500112002×××）

指周转使用的预制混凝土模板。

预制混凝土模板按招标设计的有效实体方体积计量。项目编码可根据不同用途、不同混凝土强度等级、不同模板结构尺寸等分别进行编码，项目编码自500112002001起依次顺序编码。

3. 预制预应力混凝土构件（500112003×××）

指桥梁等采用的预应力混凝土构件。

预制预应力混凝土构件按招标设计的有效实体方体积计量。项目编码可根据不同用途、不同混凝土强度等级、不同构件结构尺寸、不同预应力强度等分别进行编码，项目编码自500112003001起依次顺序编码。

4. 预应力钢筒混凝土(PCCP)输水管道安装(500112004×××)

指埋地铺设的承受较高水压力的预应力钢筒混凝土(PCCP)输水管道安装。

预应力钢筒混凝土(PCCP)输水管道安装按招标设计的有效安装长度计量。项目编码可根据不同部位、不同构件结构尺寸、不同预应力强度等分别进行编码,项目编码自500112004001起依次顺序编码。

5. 混凝土预制件吊装(50011200×××)

指具有一定安装高度的预制混凝土构件的安装。

混凝土预制件吊装按招标设计,以安装预制构件的体积计量。项目编码可根据不同部位、不同构件结构尺寸、不同重量等分别进行编码,项目编码自500112005001起依次顺序编码。

6. 其他预制混凝土工程(500112006×××)

指除以上五类外的其他预制混凝土工程。

其他预制混凝土工程按招标设计的有效工程量计量。项目编码可视具体情况,按不同部位、不同预制混凝土工程等分别进行编码,项目编码自500112006001起依次顺序编码。

(三)其他

(1)构成永久结构混凝土工程有效实体、不周转使用的预制混凝土模板,按预制混凝土构件计量。

(2)预制混凝土工程计算有效体积时,不扣除埋设于构件体内的埋件、钢筋、预应力锚索及附件等所占体积。

十三、原料开采及加工工程(A.13)

(一)概况

本节共分9个子目。

1. 黏性土料(500113001×××)

2. 天然砂料(500113002×××)

3. 天然卵石料(500113003×××)

4. 人工砂料(500113004×××)

5. 人工碎石料(500113005×××)

6. 块(堆)石料(500113006×××)

7. 条(料)石料(500113007×××)

8. 混凝土半成品料(500113008×××)

9. 其他原料开采及加工工程(500113009×××)

(二)工程量及项目编码

1. 黏性土料(500113001×××)

指用于防渗心(斜)墙等的填筑性黏性土料。

黏性土料开采及加工按招标设计的有效成品料体积计量。项目编码可根据不同料源分别进行编码,项目编码自500113001001起依次顺序编码。

2. 天然砂料(500113002×××)

指用于混凝土、砂浆的骨料,反滤料、垫层料等的天然砂料。

天然砂料开采及加工工程按招标设计的有效成品料重量(体积)计量。项目编码可根据不同料源分别进行编码,项目编码自 500113002001 起依次顺序编码。

3. 天然卵石料(500113003×××)

指用于混凝土、砂浆的骨料,反滤料、垫层料等的天然卵石料。

天然卵石料开采及加工按招标设计的有效成品料重量(体积)计量。项目编码可根据不同料源分别进行编码,项目编码自 500113003001 起依次顺序编码。

4. 人工砂料(500113004×××)

指用于混凝土、砂浆的骨料,反滤料、垫层料等的人工加工砂料。

人工砂料开采及加工工程按招标设计的有效成品料重量(体积)计量。项目编码可根据不同料源、不同岩石级别等分别进行编码,项目编码自 500113004001 起依次顺序编码。

5. 人工碎石料(500113005×××)

指用于混凝土、砂浆的骨料,反滤料、垫层料等的人工加工碎石料。

人工碎石料开采及加工工程按招标设计的有效成品料重量(体积)计量。项目编码可根据不同料源、不同岩石级别等分别进行编码,项目编码自 500113005001 起依次顺序编码。

6. 块(堆)石料(500113006×××)

指用于坝、堤、堰填筑的堆石料以及挡墙、闸(桥)墩、护坡、护底、防浪墙等的砌筑块(堆)石料。

块(堆)石料开采及加工工程按招标设计的有效成品料体积计量。项目编码可根据不同料源、不同岩石级别等分别进行编码,项目编码自 500113006001 起依次顺序编码。

7. 条(料)石料(500113007×××)

指用于挡墙、闸(桥)墩、护坡、护底、防浪墙等的砌筑条(料)石料。

条(料)石料开采及加工工程按招标设计的有效清料方计量。项目编码可根据不同料源、不同岩石级别、不同规格等分别进行编码,项目编码自 500113007001 起依次顺序编码。

8. 混凝土半成品料(500113008×××)

指用于各类混凝土浇筑的混凝土半成品料。

混凝土半成品料加工按招标设计的混凝土拌和系统出机口的混凝土体积计量。项目编码可根据不同混凝土强度等级、不同配合比、不同出机口温度等分别进行编码,项目编码自 500113008001 起依次顺序编码。

9. 其他原料开采及加工工程(500113009×××)

指除以上八类外的其他原料开采及加工工程。

其他原料开采及加工工程按招标设计的有效工程量计量。项目编码可视具体情况,按不同部位、不同原料开采及加工工程等分别进行编码,项目编码自 500113009001 起依次顺序编码。

（三）其他

土方开挖的土类分级，按《水利计价规范》表 A.1.2 确定。石方开挖的岩石分级，按《水利计价规范》表 A.2.2 确定。

采挖、堆料区域的边坡、地面和弃料场的整治费用，按招标设计要求计算。

十四、其他建筑工程（A.14）

（一）概况

本节共分 2 个子目。

1. 其他永久建筑工程（500114001×××）

2. 其他临时建筑工程（500114002×××）

A.1 土方开挖工程至 A.13 原料开采及加工工程未涵盖的其他建筑工程项目，如厂房装修工程，水土保持、环境保护工程中的林草工程等，可归集到其他建筑工程中。

（二）工程量及项目编码

其他建筑工程可视项目的实体特征确定计量单位，也可按项为单位计量。

1. 其他永久建筑工程（500114001×××）

属于永久建筑工程的其他建筑工程自 500114001001 起依次顺序编码。

2. 其他临时建筑工程（500114002×××）

属于临时建筑工程的其他建筑工程自 500114002001 起依次顺序编码。

1.2.2.2　安装工程工程量清单的编制

水利安装工程工程量清单项目包括机电设备安装工程、金属结构设备安装工程和安全监测设备采购及安装工程，共 3 节 56 个子目。

附录 B 为水利安装工程工程量清单项目及计算规则，适用于水利安装工程。

水利安装工程按安装专业划分为机电设备安装工程、金属结构设备安装工程和安全监测设备采购及安装工程三部分，每部分之下主要以设备类型对子目进行划分。《水利计价规范》中安装工程工程量清单的项目划分既可满足以设备类型划分较粗项目的需要，也可满足在以设备类型划分项目的基础上进一步划分明细项目的要求，而且可以采用多种灵活的项目划分组合方式，工程量清单中最末一级分类分项工程的项目编码，在按《水利计价规范》选定分类分项工程项目编码（五级编码的前四级一至九位编码）基础上，自 001 起依次顺序编制十至十二位编码。

附录 B 各表中项目编码以×××表示的十至十二位由编制人自 001 起顺序编码，如 1 号水轮机座环为 500201001001、1 号水轮机导水机构为 500201001002、1 号水轮机转轮为 500201001003 等，依此类推。

一、机电设备安装工程（B.1）

（一）概况

本节共分 34 个子目。

1. 水轮机设备安装（500201001×××）

2. 水泵－水轮机设备安装（500201002×××）

3. 大型泵站水泵设备安装(500201003××××)

4. 调速器及油压装置设备安装(500201004××××)

5. 发电机设备安装(500201005××××)

6. 发电机－电动机设备安装(500201006××××)

7. 大型泵站电动机设备安装(500201007××××)

8. 励磁系统设备安装(500201008××××)

9. 主阀设备安装(500201009××××)

10. 桥式起重机设备安装(500201010××××)

11. 轨道安装(500201011××××)

12. 滑触线安装(500201012××××)

13. 水力机械辅助设备安装(500201013××××)

14. 发电电压设备安装(500201014××××)

15. 发电机－电动机静止变频启动装置(SFC)安装(500201015××××)

16. 厂用电系统设备安装(500201016××××)

17. 照明系统安装(500201017××××)

18. 电缆安装及敷设(500201018××××)

19. 发电电压母线安装(500201019××××)

20. 接地装置安装(500201020××××)

21. 主变压器设备安装(500201021××××)

22. 高压电气设备安装(500201022××××)

23. 一次拉线安装(500201023××××)

24. 控制、保护、测量及信号系统设备安装(500201024××××)

25. 计算机监控系统设备安装(500201025××××)

26. 直流系统设备安装(500201026××××)

27. 工业电视系统设备安装(500201027××××)

28. 通信系统设备安装(500201028××××)

29. 电工试验室设备安装(500201029××××)

30. 消防系统设备安装(500201030××××)

31. 通风、空调、采暖及其监控设备安装(500201031××××)

32. 机修设备安装(500201032××××)

33. 电梯设备安装(500201033×)

34. 其他机电设备安装工程(500201034××××)

机电主要设备安装工程项目组成内容:

包括水轮机(水泵－水轮机)、大型泵站水泵、调速器及油压装置、发电机(发电机－电动机)、大型泵站电动机、励磁系统、主阀、桥式起重机、主变压器等设备,均由设备本体和附属设备及埋件组成。

机电其他设备安装工程项目组成内容:

(1)轨道安装。包括起重设备、变压器设备等所用轨道。

(2)滑触线安装。包括各类移动式起重机设备滑触线。

(3)水力机械辅助设备安装。包括全产油、水、气系统的透平油、绝缘油、技术供水、水力测量、消防用水、设备检修排水、渗漏排水、上库及压力钢管充水、低压压气和高压压气等系统设备和管路。

(4)发电电压设备安装。包括发电机中性点设备、发电机定子主引出线至主变压器低压套管间的电气设备、分支线电气设备、断路器、隔离开关、电流互感器、电压互感器、避雷器、电抗器、电气制动开关等,抽水蓄能电站与启动回路器有关的断路器和隔离开关等设备。

(5)发电机–电动机静止变频启动装置(SFC)安装。包括抽水蓄能电站机组和大型泵站机组静止变频启动装置的输入及输出变压器、整流及逆变器、交流电抗器、直流电抗器、过电压保护装置及控制保护设备等。

(6)厂用电系统设备安装。包括厂用电和厂坝区用电系统的厂用变压器、配电变压器、柴油发电机组、高低压开关柜(屏)、配电盘、动力箱、启动器、照明屏等设备。

(7)照明系统安装。包括照明灯具、开关、插座、分电箱、接线盒、线槽板、管线等器具和附件。

(8)电缆安装及敷设。包括35 kV及以下高压电缆、动力电缆、控制电缆和光缆及其附件、电缆支架、电缆桥架、电缆管等。

(9)发电电压母线安装。包括发电电压主母线、分支母线及发电机中性点母线、套管、绝缘子及金具等。

(10)接地装置安装。包括全厂公用和分散设备的接地网的接地极、接地母线、避雷针等。

(11)高压电气设备安装。包括高压组合电器(GIS)、六氟化硫断路器、少油断路器、空气断路器、隔离开关、互感器、避雷器、高频阻波器、耦合电容器、混合滤波器、绝缘子、母线、110 kV及以上高压电缆、高压管道母线等设备及配件。

(12)一次拉线安装。包括变电站母线、母线引下线、设备连接线、架空地线、绝缘子和金具。

(13)控制、保护、测量及信号系统设备安装。包括发电厂和变电站控制、保护、操作、计量、继电保护信息管理、安全自动装置等的屏、台、柜、箱及其他二次屏(台)等设备。

(14)计算机监控系统设备安装。包括全厂计算机监控系统的主机、工作站、服务器、网络、现地控制单元(LCU)、不间断电源(UPS)、全球卫星定位系统(GPS)等。

(15)直流系统设备安装。包括蓄电池组、充电设备、浮充电设备、直流配电屏(柜)等。

(16)工业电视系统设备安装。包括主控站、分控站、转换站、前端等设备及光缆、视频电缆、控制电缆、电源电缆(线)等设备。

(17)通信系统设备安装。包括载波通信、程控通信、生产调度通信、生产管理通信、卫星通信、光纤通信、信息管理系统等设备及通信线路等。

(18)电工试验室设备安装。包括为电气试验而设置的各种设备、仪器、表计等。

(19)消防系统设备安装。包括火灾报警及其控制系统、水喷雾及气体灭火装置、消防电话广播系统、消防器材及消防管路等设备。

(20)通风、空调、采暖及其监控设备安装。包括全厂制冷(热)机组及水泵、风机、空调器、通风空调监控系统、采暖设备、风管及管路、调节阀和风口等。

(21)机修设备安装。包括为机组、金属结构及其他机械设备的检修所设置的车、刨、铣、锯、磨、插、钻等机床,以及电焊机、空气锤等机修设备。

(22)电梯设备安装。包括工作电梯、观光电梯等电梯设备及电梯电气设备。

(23)其他机电设备安装。包括小型起重设备、保护网、铁构件、轨道阻进器等。

(二)工程量及项目编码

以"套"、"项"、"台"、"部"为计量单位的机电设备安装工程按招标设计图示的设备数量计量,以"套"、"项"为计量单位的项目若需要根据上述机电设备安装工程项目组成内容划分明细项目(细化到"台"、"部"等最小计量单位),则明细项目的上级汇总项目不再编制项目编码、列出项目数量和计量单位;以长度或重量计算的机电设备装置性材料,如电缆、母线、轨道等,按招标设计图示尺寸计算的有效长度或重量计量。

1. 水轮机设备安装(500201001×××)

水轮机设备安装按招标设计图示的数量计量。

项目编码可按不同型号规格、不同重量等分别进行编码,项目编码自500201001001起依次顺序编码。

2. 水泵－水轮机设备安装(500201002×××)

水泵－水轮机设备安装按招标设计图示的数量计量。

项目编码可按不同型号规格、不同重量等分别进行编码,项目编码自500201002001起依次顺序编码。

3. 大型泵站水泵设备安装(500201003×××)

大型泵站水泵设备安装按招标设计图示的数量计量。

项目编码可按不同型号规格、不同重量等分别进行编码,项目编码自500201003001起依次顺序编码。

4. 调速器及油压装置设备安装(500201004×××)

调速器及油压装置设备安装按招标设计图示的数量计量。

项目编码可按不同型号规格、不同重量等分别进行编码,项目编码自500201004001起依次顺序编码。

5. 发电机设备安装(500201005×××)

发电机设备安装按招标设计图示的数量计量。

项目编码可按不同型号规格、不同重量等分别进行编码,项目编码自500201005001起依次顺序编码。

6. 发电机－电动机设备安装(500201006×××)

发电机－电动机设备安装按招标设计图示的数量计量。

项目编码可按不同型号规格、不同重量等分别进行编码,项目编码自500201006001起依次顺序编码。

7. 大型泵站电动机设备安装(500201007×××)

大型泵站电动机设备安装按招标设计图示的数量计量。

项目编码可按不同型号规格、不同重量等分别进行编码,项目编码自500201007001起依次顺序编码。

8. 励磁系统设备安装(500201008×××)

励磁系统设备安装按招标设计图示的数量计量。

项目编码可按不同型号规格、不同电气参数、不同重量等分别进行编码,项目编码自500201008001起依次顺序编码。

9. 主阀设备安装(500201009×××)

主阀设备安装按招标设计图示的数量计量。

项目编码可按不同型号规格、不同直径、不同重量等分别进行编码,项目编码自500201009001起依次顺序编码。

10. 桥式起重机设备安装(500201010×××)

桥式起重机设备安装按招标设计图示的数量计量。

项目编码可按不同型号规格、不同重量等分别进行编码,项目编码自500201010001起依次顺序编码。

11. 轨道安装(500201011×××)

轨道安装按招标设计图示尺寸计算的有效长度计量。

项目编码可按不同型号规格分别进行编码,项目编码自500201011001起依次顺序编码。

12. 滑触线安装(500201012×××)

滑触线安装按招标设计图示尺寸计算的有效长度计量。

项目编码可按不同电压等级、不同电流等级等分别进行编码,项目编码自500201012001起依次顺序编码。

13. 水力机械辅助设备安装(500201013×××)

水力机械辅助设备安装按招标设计图示的数量计量。

项目编码可按不同型号规格、不同输送介质、不同材质、不同连接方式、不同压力等级等分别进行编码,项目编码自500201013001起依次顺序编码。

14. 发电电压设备安装(500201014×××)

发电电压设备安装按招标设计图示的数量计量。

项目编码可按不同型号规格、不同电压等级、不同重量等分别进行编码,项目编码自500201014001起依次顺序编码。

15. 发电机–电动机静止变频启动装置(SFC)安装(500201015×××)

发电机–电动机静止变频启动装置(SFC)安装按招标设计图示的数量计量。

项目编码可按不同型号规格、不同电压等级、不同重量等分别进行编码,项目编码自

500201015001 起依次顺序编码。

16. 厂用电系统设备安装(500201016×××)

厂用电系统设备安装按招标设计图示的数量计量。

项目编码可按不同型号规格、不同电压等级、不同重量等分别进行编码,项目编码自 500201016001 起依次顺序编码。

17. 照明系统安装(500201017×××)

照明系统安装按招标设计图示的数量计量。

项目编码可按不同型号规格、不同电压等级等分别进行编码,项目编码自 500201017001 起依次顺序编码。

18. 电缆安装及敷设(500201018×××)

电缆安装及敷设按招标设计图示尺寸计算的有效长度计量。

项目编码可按不同型号规格、不同电压等级等分别进行编码,项目编码自 500201018001 起依次顺序编码。

19. 发电电压母线安装(500201019×××)

发电电压母线安装按招标设计图示尺寸计算的有效长度计量。

项目编码可按不同型号规格、不同电压等级等分别进行编码,项目编码自 500201019001 起依次顺序编码。

20. 接地装置安装(500201020×××)

接地装置安装按招标设计图示尺寸计算的有效长度或重量计量。

项目编码可按不同型号规格、不同材质、不同连接方式等分别进行编码,项目编码自 500201020001 起依次顺序编码。

21. 主变压器设备安装(500201021×××)

主变压器设备安装按招标设计图示的数量计量。

项目编码可按不同型号规格、不同电压等级、不同容量等分别进行编码,项目编码自 500201021001 起依次顺序编码。

22. 高压电气设备安装(500201022×××)

高压电气设备安装按招标设计图示的数量计量。

项目编码可按不同型号规格、不同电压等级等分别进行编码,项目编码自 500201022001 起依次顺序编码。

23. 一次拉线安装(500201023×××)

一次拉线安装按招标设计图示尺寸计算的有效长度计量。

项目编码可按不同型号规格、不同电压等级等分别进行编码,项目编码自 500201023001 起依次顺序编码。

24. 控制、保护、测量及信号系统设备安装(500201024×××)

控制、保护、测量及信号系统设备安装按招标设计图示的数量计量。

项目编码可按不同系统结构、不同功能等分别进行编码,项目编码自 500201024001 起依次顺序编码。

25.计算机监控系统设备安装（500201025×××）

计算机监控系统设备安装按招标设计图示的数量计量。

项目编码可按不同系统结构、不同功能等分别进行编码，项目编码自500201025001起依次顺序编码。

26.直流系统设备安装（500201026×××）

直流系统设备安装按招标设计图示的数量计量。

项目编码可按不同型号规格、不同类型等分别进行编码，项目编码自500201026001起依次顺序编码。

27.工业电视系统设备安装（500201027×××）

工业电视系统设备安装按招标设计图示的数量计量。

项目编码可按不同系统结构、不同功能等分别进行编码，项目编码自500201027001起依次顺序编码。

28.通信系统设备安装（500201028×××）

通信系统设备安装按招标设计图示的数量计量。

项目编码可按不同系统结构、不同功能等分别进行编码，项目编码自500201028001起依次顺序编码。

29.电工试验室设备安装（500201029×××）

电工试验室设备安装按招标设计图示的数量计量。

项目编码可按不同型号规格、不同电压等级、不同容量等分别进行编码，项目编码自500201029001起依次顺序编码。

30.消防系统设备安装（500201030×××）

消防系统设备安装按招标设计图示的数量计量。

项目编码可按不同型号规格、不同压力等级等分别进行编码，项目编码自500201030001起依次顺序编码。

31.通风、空调、采暖及其监控设备安装（500201031×××）

通风、空调、采暖及其监控设备安装按招标设计图示的数量计量。

项目编码可按不同系统结构、不同功能等分别进行编码，项目编码自500201031001起依次顺序编码。

32.机修设备安装（500201032×××）

机修设备安装按招标设计图示的数量计量。

项目编码可按不同型号规格分别进行编码，项目编码自500201032001起依次顺序编码。

33.电梯设备安装（500201033×××）

电梯设备安装按招标设计图示的数量计量。

项目编码可按不同型号规格、不同提升高度、不同载重量等分别进行编码，项目编码自500201033001起依次顺序编码。

34.其他机电设备安装工程（500201034×××）

指除以上三十三类外的机电设备安装工程。

其他机电设备安装工程按招标设计有效数量计量。项目编码可按不同型号规格分别进行编码,项目编码自500201034001起依次顺序编码。

(三)其他

机电设备安装工程工程量清单及计算规则适用于新建、扩建、改建、加固的水利机电设备安装工程。

二、金属结构设备安装工程(B.2)

(一)概况

本节共分9个子目。

1.门式起重机设备安装(500202001×××)

2.油压启闭机设备安装(500202002×××)

3.卷扬式启闭机设备安装(500202003×××)

4.升船机设备安装(500202004×××)

5.闸门设备安装(500202005×××)

6.拦污栅设备安装(500202006×××)

7.一期埋件安装(500202007×××)

8.压力钢管安装(500202008×××)

9.其他金属结构设备安装工程(500202009×××)

金属结构设备安装工程项目组成内容:

(1)启闭机、闸门、拦污栅设备。均由设备本体和附属设备及埋件组成。

(2)升船机设备。包括各型垂直升船机、斜面升船机、桥式平移及吊杆式升船机等设备本体和附属设备及埋件等。

(3)其他金属结构设备。包括电动葫芦、清污机、储门库、闸门压重物、浮式系船柱及小型金属结构构件等。

(二)工程量及项目编码

以"项"为计量单位的金属结构设备安装工程按招标设计图示的数量计量,以"项"为计量单位的项目若需要根据上述金属结构设备安装工程项目组成内容划分明细项目(细化到"台"、"部"等最小计量单位),则明细项目的上级汇总项目不再编制项目编码、列出项目数量和计量单位;以重量为单位计算工程量的金属结构设备或装置性材料,如闸门、拦污栅、埋件、高压钢管等,按招标设计图示尺寸计算的有效重量计量。

1.门式起重机设备安装(500202001×××)

门式起重机设备安装按招标设计图示的数量计量。

项目编码可按不同部位、不同型号规格、不同跨度、不同起重量等分别进行编码,项目编码自500202001001起依次顺序编码。

2.油压启闭机设备安装(500202002×××)

油压启闭机设备安装按招标设计图示的数量计量。

项目编码可按不同部位、不同型号规格、不同重量等分别进行编码,项目编码自

500202002001 起依次顺序编码。

3. 卷扬式启闭机设备安装(500202003×××)

卷扬式启闭机设备安装按招标设计图示的数量计量。

项目编码可按不同部位、不同型号规格、不同重量等分别进行编码,项目编码自 500202003001 起依次顺序编码。

4. 升船机设备安装(500202004×××)

升船机设备安装按招标设计图示的数量计量。

项目编码可按不同型号规格、不同重量等分别进行编码,项目编码自 500202004001 起依次顺序编码。

5. 闸门设备安装(500202005×××)

闸门设备安装按招标设计图示尺寸计算的有效重量计量。

项目编码可按不同部位、不同形式、不同重量等分别进行编码,项目编码自 500202005001 起依次顺序编码。

6. 拦污栅设备安装(500202006×××)

拦污栅设备安装按招标设计图示尺寸计算的有效重量计量。

项目编码可按不同部位、不同结构、不同重量等分别进行编码,项目编码自 500202006001 起依次顺序编码。

7. 一期埋件安装(500202007×××)

一期埋件安装按招标设计图示尺寸计算的有效重量计量。

项目编码可按不同部位、不同结构、不同重量等分别进行编码,项目编码自 500202007001 起依次顺序编码。

8. 压力钢管安装(500202008×××)

压力钢管安装按招标设计图示尺寸计算的有效重量计量。

项目编码可按不同部位、不同管径、不同板厚、不同材质等分别进行编码,项目编码自 500202008001 起依次顺序编码。

9. 其他金属结构设备安装工程(500202009×××)

指除以上八类外的金属结构设备安装工程。

其他金属结构设备安装工程按招标设计有效数量计量。项目编码可按不同部位、不同型号规格等分别进行编码,项目编码自 500202009001 起依次顺序编码。

(三)其他

金属结构设备安装工程工程量清单及计算规则适用于新建、扩建、改建、加固的水利金属结构设备安装工程。

三、安全监测设备采购及安装工程(B.3)

(一)概况

本节共分 13 个子目。

1. 工程变形监测控制网设备采购及安装 (500203001×××)

2. 变形监测设备采购及安装(500203002×××)

3. 应力、应变及温度监测设备采购及安装(500203003×××)

4. 渗流监测设备采购及安装(500203004×××)

5. 环境量监测设备采购及安装(500203005×××)

6. 水力学监测设备采购及安装(500203006×××)

7. 结构振动监测设备采购及安装(500203007×××

8. 结构强振监测设备采购及安装(500203008×××)

9. 其他专项监测设备采购及安装(500203009×××)

10. 工程安全监测自动化采集系统设备采购及安装(500203010×××)

11. 工程安全监测信息管理系统设备采购及安装(500203011×××)

12. 特殊监测设备采购及安装(500203012×××)

13. 施工期观测、设备维护、资料整理分析(500203013×××)

(二) 工程量及项目编码

以"套"、"项"为计量单位的安全监测设备采购及安装工程按指标设计图示的数量计量,以"套"、"项"为计量单位的项目若需要根据安全监测设备安装工程项目组成内容划分明细项目(细化到"台"、"文"、"个"等最小计量单位),则明细项目的上级汇总项目不再编制项目编码、列出项目数量和计量单位;按招标设计文件列示安全监测项目的各种仪器设备的数量计量。

1. 工程变形监测控制网设备采购及安装(500203001×××)

工程变形监测控制网设备采购及安装按招标设计图示的数量计量。

项目编码可按不同型号规格分别进行编码,项目编码自500203001001起依次顺序编码。

2. 变形监测设备采购及安装(500203002×××)

变形监测设备采购及安装按招标设计图示的数量计量。

项目编码可按不同型号规格分别进行编码,项目编码自500203002001起依次顺序编码。

3. 应力、应变及温度监测设备采购及安装(500203003×××)

应力、应变及温度监测设备采购及安装按招标设计图示的数量计量。

项目编码可按不同型号规格分别进行编码,项目编码自500203003001起依次顺序编码。

4. 渗流监测设备采购及安装(500203004×××)

渗流监测设备采购及安装按招标设计图示的数量计量。

项目编码可按不同型号规格分别进行编码,项目编码自500203004001起依次顺序编码。

5. 环境量监测设备采购及安装(500203005×××)

环境量监测设备采购及安装按招标设计图示的数量计量。

项目编码可按不同型号规格分别进行编码,项目编码自500203005001起依次顺序编码。

6.水力学监测设备采购及安装(500203006×××)

水力学监测设备采购及安装按招标设计图示的数量计量。

项目编码可按不同型号规格分别进行编码,项目编码自500203006001起依次顺序编码。

7.结构振动监测设备采购及安装(500203007×××)

结构振动监测设备采购及安装按招标设计图示的数量计量。

项目编码可按不同型号规格分别进行编码,项目编码自500203007001起依次顺序编码。

8.结构强振监测设备采购及安装(500203008×××)

结构强振监测设备采购及安装按招标设计图示的数量计量。

项目编码可按不同型号规格分别进行编码,项目编码自500203008001起依次顺序编码。

9.其他专项监测设备采购及安装(500203009×××)

其他专项监测设备采购及安装按招标设计图示的数量计量。

项目编码可按不同型号规格分别进行编码,项目编码自500203009001起依次顺序编码。

10.工程安全监测自动化采集系统设备采购及安装(500203010×××)

工程安全监测自动化采集系统设备采购及安装按招标设计图示的数量计量。

项目编码可按不同型号规格分别进行编码,项目编码自500203010001起依次顺序编码。

11.工程安全监测信息管理系统设备采购及安装(500203011×××)

工程安全监测信息管理系统设备采购及安装按招标设计图示的数量计量。

项目编码可按不同型号规格分别进行编码,项目编码自500203011001起依次顺序编码。

12.特殊监测设备采购及安装(500203012×××)

特殊监测设备采购及安装按招标设计图示的数量计量。

项目编码可按不同型号规格分别进行编码,项目编码自500203012001起依次顺序编码。

13.施工期观测、设备维护、资料整理分析(500203013×××)

施工期观测、设备维护、资料整理分析按招标文件规定的项目计量。

项目编码可按不同项目分别进行编码,项目编码自500203013001起依次顺序编码。

(三)其他

(1)安全监测工程中的建筑分类工程项目执行水利建筑工程工程量清单项目及计算规则。

(2)安全监测设备采购及安装工程工程量清单及计算规则适用于新建、扩建、改建、加固的水工建筑物。

分类分项工程量清单计价表见表13。

表1-3 分类分项工程量清单计价表

合同编号:HND - B066C - 1 - 01

工程名称:湖南省茶陵县洮水水库工程

序号	项目编码	项目名称	计量单位	工程数量	主要技术条款编码
I		建筑工程			
一		挡水工程			
(一)		土石方开挖工程			
	500101002001	土方开挖(运距1.8 km)	m³	131 570	
	500102001001	石方开挖(运距1.8 km)	m³	60 747	
	500102001002	趾板石方开挖(运距1.8 km)	m³	106 672	
	500102001003	趾板石方开挖(运距0.8 km)	m³	79 000	
	500102001004	趾板石方开挖(沟槽石方运距0.3 km)	m³	60 625	
(二)		坝体填筑工程			
	500103008001	垫层区填筑	m³	22 861	
	500103008002	过渡区填筑(利用料)	m³	20 783	
	500103008003	过渡区填筑(块石料场)	m³	89 737	
	500103008004	盖重区填筑	m³	37 408	
	500103007001	黏土填筑	m³	20 693	
	500103008005	特殊垫层区填筑	m³	7 140	
	500103008006	主堆石区填筑(块石料场备料)	m³	100 000	
	500103008007	主堆石区填筑(块石料场)	m³	722 477	
	500103007002	次堆石区填筑(砂砾料场)	m³	333 797	
	500103008008	次堆石区填筑(块石料场)	m³	112 857	
	500103008009	开挖料区填筑(利用料)	m³	106 149	
	500103008010	开挖料区填筑(块石料场)	m³	102 388	
	500103010001	抛填堆石	m³	19 585	
	500105001001	干砌石护坡	m³	14 306	
(三)		混凝土工程			
	500109001001	挤压式边墙混凝土　C15	m³	5 672	
	500109001002	面板混凝土　C25	m³	13 165	
	500110002001	面板滑模	m²	32 912	
	500109001003	趾板混凝土　C25	m³	2 881	
	500110001001	模板	m²	1 873	
	500109001004	防浪墙混凝土　C15	m³	3 756	

续表1-3

序号	项目编码	项目名称	计量单位	工程数量	主要技术条款编码
	500110001002	模板	m²	13 146	
	500111001001	钢筋制安	t	1 061	
	500109009001	沥青杉板	m²	465	
	500109008001	铜片止水	m	3 692	
	500109008002	PVC 止水带	m	3 882	
（四）		基础处理工程			
	500106002001	锚杆　Φ28，$L=5$ m	根	1 624	
	500107003001	固结灌浆钻孔	m	8 309	
	500107003002	帷幕灌浆钻孔	m	10 755	
	500107006001	固结灌浆	m	4 759	
	500107005001	帷幕灌浆	m	7 205	
	500109001005	混凝土回填　C20	m³	877	
	500109001006	混凝土截渗墙　C20	m³	378	
	500110001003	模板	m²	185.2	
	500109009001	沥青杉板	m²	215	
	500109008001	铜片止水	m	2 748	
	500109008002	PVC 止水带	m	2 584	
二		溢洪道工程			
（一）		一级溢洪道			
1		进水段			
	500101002002	土方开挖（运距0.9 km）	m³	1 434	
	500102001005	石方开挖（运距2.3 km）	m³	3 347	
	500105003001	浆砌石	m³	276	
	500109001007	底板混凝土　C15	m³	1 664	
	500110001004	模板	m²	499	
	500111001002	钢筋制安	t	17	
2		控制段			
	500101002003	土方开挖	m³	13 838	
	500102001006	石方开挖	m³	32 289	
	500103009001	石渣回填	m³	2 668	
	500109001008	底板混凝土　C15	m³	3 317	
	500110001005	模板	m²	995	

续表1-3

序号	项目编码	项目名称	计量单位	工程数量	主要技术条款编码
	500109001009	溢洪道混凝土　C20	m³	5 178	
	500110001006	模板	m²	3 884	
	500109001010	堰面混凝土　C50HF	m³	403	
	500110001007	模板	m²	101	
	500111001003	钢筋制安	t	213	
	500106002002	锚杆　Φ25,$L=2$ m	根	624	
	500107006002	固结灌浆	m	1 399	
3		泄槽段			
	500101002004	土方开挖	m³	36 729	
	500102001007	石方开挖	m³	85 701	
	500103009002	石渣回填	m³	1 524	
	500109001011	泄槽混凝土　C15	m³	6 117	
	500110001008	模板	m²	1 835	
	500109001012	堰面混凝土　C50HF	m³	1 613	
	500110001009	模板	m²	403	
	500111001004	钢筋制安	t	61	
	500106002003	锚杆　Φ25,$L=2$ m	根	1 715	
4		消能段			
	500101002005	土方开挖	m³	19 204	
	500102001008	石方开挖	m³	44 810	
	500103009003	石渣回填	m³	3 430	
	500109001013	底坎混凝土　C20	m³	95	
	500110001010	模板	m²	119	
	500111001005	钢筋制安	t	2	
	500107006003	固结灌浆	m	156	
	500106002004	锚杆　Φ25,$L=2$ m	根	780	
(二)		二级溢洪道			
(三)		三级溢洪道			
三		引水发电放空洞工程			
(一)		进水口			
	500101002012	土方开挖（运距1.7 km）	m³	22 095	
	500102001015	石方开挖（运距1.7 km）	m³	51 555	

续表 1-3

序号	项目编码	项目名称	计量单位	工程数量	主要技术条款编码
	500102009001	竖井石方开挖	m³	2 772	
	500109001022	竖井混凝土衬砌 C20	m³	2 240	
	500110001019	竖井滑模	m²	3 248	
	500109001023	进水口混凝土 C20	m³	2 445	
	500110001020	模板	m²	1 223	
	500106011001	喷混凝土(ζ=10 cm)	m³	696	
	500111001011	钢筋制安	t	188	
	500106002008	锚杆 Φ25,L=3.5 m	根	150	
	500106002009	锚杆 Φ25,L=7 m	根	510	
	500114001001	进水口连通桥	m	70	
(二)		隧洞工程			
	500102010001	石方洞挖	m³	36 340	
	500109001025	隧洞衬砌混凝土 C20	m³	10 179	
	500106002010	锚杆 Φ25,L=3.5 m	根	500	
	500107007001	回填灌浆	m²	1 567	
	500107006001	固结灌浆钻孔	m	1 617	
	500107006004	固结灌浆	m	1 617	
	500111001012	钢筋制安	t	611	
	500110001021	模板	m²	22 785	
(三)		消力池段			
	500101002003	土方开挖(运距1.7 km)	m³	5 886	
	500102001016	石方开挖(运距0.5 km)	m³	17 432	
	500109001026	消力池混凝土 C20	m³	1 459	
	500110001022	模板	m²	511	
	500106002011	锚杆 Φ25,L=5 m	根	108	
	500106011001	喷混凝土(ζ=10 cm)	m³	162	
	500111001013	钢筋制安	t	102	
四		发电厂工程			
	500101002003	土方开挖(运距1.7 km)	m³	3 175	
	500102001017	石方开挖(运距0.2 km)	m³	7 818	
	500102001018	石方开挖(运距2 km)	m³	2 972	
	500102001019	石方开挖(运距1.7 km)	m³	1 908	

续表 1-3

序号	项目编码	项目名称	计量单位	工程数量	主要技术条款编码
	500103009001	石渣回填(利用料)	m³	10 241	
	500109001027	厂房上部混凝土　C20(二级配)	m³	1 223	
	500109001028	厂房上部混凝土　C25(二级配)	m³	179	
	500109001029	厂房下部混凝土　C15(三级配)	m³	1 066	
	500109001030	厂房下部混凝土　C20(三级配)	m³	12 349	
	500109001031	尾水导墙及下游重力挡墙　C15	m³	5 512	
	500109001032	尾水导墙混凝土　C20	m³	531	
	500109001033	压力钢管外包混凝土　C15	m³	4 521	
	500109001034	混凝土回填　C15	m³	3 000	
	500106011001	喷混凝土　C20	m³	224	
	500111001014	钢筋制安	t	727	
	500110001023	平面模板	m²	22 335	
	500110001024	曲面模板	m²	2 030	
	500110001025	牛腿模板	m²	127	
	500114001002	雁型屋顶	m²	1 115	
五		开关站工程			
	500101002003	土方开挖(运距1.7 km)	m³	459	
	500102001020	石方开挖(运距0.2 km)	m³	1 468	
	500102001021	石方开挖(运距1.7 km)	m³	367	
	500103009001	石渣回填(利用料)	m³	23 639	
	500109001036	预制混凝土构架　C40	m³	150	
	500109001037	基础混凝土　C15	m³	300	
	500110001026	模板	m²	135	
	500111001015	钢筋制安	t	15	
六		其他工程			
		内外部观测工程	项	1	
Ⅱ		机电设备及安装工程			
一		发电设备及安装工程			
(一)		水轮机设备及安装			
	500201001001	水轮机　HLD75 - LJ - 200	台	3	
	500201004001	调速器	台	3	
	500201034001	自动化元件	套	3	

续表1-3

序号	项目编码	项目名称	计量单位	工程数量	主要技术条款编码
	500201004002	透平油	t	27	
	500201004003	油压装置	套	3	
（二）		发电机设备及安装			
	500201005001	发电机　SF23－18/3900	台	3	
（三）		起重设备及安装			
1		桥式起重机			
	500201010001	桥式起重机　100/20 t	台	1	
2		轨道及安装			
	500201011001	轨道　QU100	双10 m	5.75	
	500201034002	安装费	双10 m	5.75	
（四）		主闸设备及安装			
	500201009001	液压蝶阀（$\phi=3\,000$）	台	3	
（五）		水力机械辅助机及安装			
1		压力系统			
	500201034003	低压力机　S150－2S/7E	台	2	
	500201034004	中压力机　SF－0.5/45	台	2	
	500201034005	中压储气罐　1 m³	个	1	
	500201034006	低压储气罐　5 m³	个	1	
	500201034007	压力表	个	8	
	500201034008	压力开关	个	8	
	500201034009	压力变送器	台	1	
2		油系统设备及安装			
	500201004004	真空滤油机　ZJB2KY	台	1	
	500201034010	压力滤油机　LY－50	台	2	
	500201004005	透平油罐　10 m³	个	1	
	500201004006	透平油过滤机　ZJCQ－2	台	1	
	500201003001	齿轮油泵　KCB－33.3	台	2	
	500201004007	绝缘油罐　15 m³	个	2	
	500201003002	齿轮油泵　KCB－50	台	2	
	500201034011	电热恒温干燥箱	个	1	
	500201034012	化验设备	套	1	
3		水系统设备及安装			

续表1-3

序号	项目编码	项目名称	计量单位	工程数量	主要技术条款编码
	500201034013	自动滤水器　DLS-200	台	4	
	500201034014	示流信号器	个	4	
	500201034015	投入式液位变送器	个	2	
	500201034016	压力表	个	7	
	500201003003	技术供水泵　ISG200/370-55/4	台	1	
	500201003004	检修排水泵　200RJC600-20×1	台	2	
	500201003005	渗漏排水泵　250RJC130-8.5×3	台	2	
	500201034017	浮球式液位控制器	台	2	
4		水力量测系统			
	500201034018	差压变送器	个	6	
	500201034019	压力表	个	18	
	500201034020	投入式液位变送器	个	2	
5		压气系统管路及安装			
	500201020001	管路	t	6.1	
	500201020002	管路附件	t	1.96	
	500202005001	阀门费用	t	1.41	
	500201034021	安装费	t	6.1	
6		油系统管路及安装			
	500201020003	管路	t	10.5	
	500201020004	管路附件	t	3.37	
	500202005002	阀门费用	t	2.43	
	500201034022	安装费	t	10.5	
7		水系统管路及安装			
	500201020005	管路	t	38.9	
	500201020006	管路附件	t	12.49	
	500202005003	阀门费用	t	8.99	
	500201034023	安装费	t	38.9	
(六)		电气设备及安装工程			
1		发电电压装置			
	500201034024	10 kV 开关柜	块	24	
	500201022001	35 kV 高压开关柜	块	7	
2		控制保护系统			

续表1-3

序号	项目编码	项目名称	计量单位	工程数量	主要技术条款编码
	500201024001	发电机微机保护屏	块	3	
	500201024002	机组 LCU 屏	块	6	
	500201024003	开关站及公共设备 LCU 屏	块	3	
	500201024004	泄洪闸门控制屏	块	2	
	500201024005	机组进水口蝶阀油压装置控制屏	块	3	
	500201024006	主变压器微机保护屏	块	2	
	500201024007	110 kV 线路微机保护屏	块	1	
	500201024008	厂用变及备投、近区变压器微机保护屏	块	1	
	500201024009	电度表计屏	块	2	
	500201024010	机组辅助设备屏	块	3	
	500201024011	35 kV 线路微机保护屏	块	1	
	500201024012	10 kV 线路、10 kV 母联微机保护屏	块	1	
	500201024013	110 kV 线路微机故障录波屏	块	1	
	500201024014	110 kV 母线微机保护屏	块	1	
	500201034025	110 kV 线路 CT 端子箱	个	1	
	500201034026	110 kV 母线 PT 端子箱	个	1	
	500201034027	主变 110 kV 侧 CT 端子箱	个	2	
	500201031001	主变冷却风机控制箱	个	2	
	500201034028	电站辅机控制设备	套	1	
3		厂用电系统设备及安装			
	500201021001	厂用变压器 SC - 800/10.5	台	2	
	500201024015	低压配置屏	块	1	
	500201024016	事故照明切换屏 MNS	块	17	
	500201017001	照明装置	套	1	
	500201017002	照明配电箱	个	9	
	500201016001	动力配电箱	个	5	
4		直流系统			
	500201024017	DC220 V 直流充电屏	块	2	
	500201024018	DC220 V 直流馈线屏	块	2	
	500201024019	DC220 V 蓄电池屏	块	3	
5		电气实验设备及安装			
	500201029001	设备及安装	套	1	
6		电缆及安装			
(1)		电力电缆及安装			

续表1-3

序号	项目编码	项目名称	计量单位	工程数量	主要技术条款编码
	500201018001	电力电缆　YJV－3×50(10 kV)	km	0.2	
	500201018002	电力电缆　YJV－3×150(10 kV)	km	0.06	
	500201018003	电力电缆　VV22(1 kV)	km	5	
	500201018004	电缆　VV－4×4	km	0.2	
	500201018005	电缆　VV－1×95	km	0.6	
	500201018006	电缆　VV－3×95	km	0.6	
	500201018007	安装费　10 kV 以下	km	0.26	
	500201018008	安装费　1 kV 以下	km	6.4	
(2)		控制电缆及安装			
	500201018009	控制电缆　KVVP－7×1.5	km	28	
	500201018010	控制电缆　KVVP－7×2.5	km	3.2	
	500201018011	控制电缆　JYVP－4×2×1	km	22	
	500201034029	安装费	km	53.2	
(3)	500201018012	电缆桥架	件	80	
7		母线及安装			
	500201019001	封闭母线 GFM　IE＝4 000 A	100 m/三相	1	
	500201019002	封闭母线 GFM　IE＝2 000 A	100 m/三相	3	
	500201019003	封闭母线 GFM　IE＝1 600 A　0.4 kV	100 m/三相	0.2	
	500201019004	铜母线　TMY－100×10	100 m/三相	0.267	
	500201019005	管形母线	100 m/三相	0.4	
	500201034030	安装费	100 m/三相	4.467	
二		升压变电站设备及安装工程			
(一)		主变压器设备及安装			
	500201021002	主变压器　SFS9－63000/110	台	1	
	500201021003	主变压器　SFS9－31500/110	台	1	
	500201011002	轨道　43 kg/m	双10 m	10	
(二)		高压电气设备及安装			
	500201022002	高压隔离开关　GW5－110(ⅠD)	组	3	
	500201022003	高压隔离开关　GW5－110(ⅡD)	组	2	
	500201022004	高压隔离开关　GW5－63/630A	组	2	
	500201022005	六氟化硫断路器　LW41－126/4000	台	3	
	500201022006	电流互感器	台	9	
	500201022007	电容式电压互感器　0.02	台	3	

续表1-3

序号	项目编码	项目名称	计量单位	工程数量	主要技术条款编码
	500201022008	电容式电压互感器 0.01	台	1	
	500201022009	阻波器	台	3	
	500201022010	耦合电容	台	2	
	500201022011	避雷器 100 kV	只	6	
	500201022012	避雷器 73 kV	只	2	
（三）		一次拉线及其他安装			
	500201023001	钢芯铝绞线 LGJ－150	100 m	2	
	500201023002	钢芯铝绞线 LGJ－185	100 m	2	
	500201023003	钢芯铝绞线 LGJ－300	100 m	1.5	
	500201034031	安装费	三相100 m	5.5	
三		公用设备及安装工程			
（一）		通信设备及安装			
1		载波通信			
	500201028001	电力载波机 SINO－2000	台	3	
	500201028002	结合加工设备	套	3	
	500201018013	高频电缆	km	0.45	
		安装费	台	3	
2		生产调度通信设备工程			
	500201028003	调度、行政一体化数字程控交换机	套	1	
	500201024020	高频开关电源屏	台	1	
	500201028004	蓄电池	组	1	
	500201028005	通信配线箱	台	1	
	500201028006	电话机	台	100	
		安装费	套	1	
（二）		通风采暖设备及安装			
	500201031002	离心风机 DWT－1N4	台	3	
	500201031003	屋顶风机	台	7	
	500201031004	轴流风机	台	4	
	500201031005	防爆轴流风机	台	5	
	500201031006	分体落地式空调 KFR－120LW/W2F	台	2	
	500201031007	分体落地式空调 KFR－75LW/3AF	台	1	
（三）		计算机监控系统			
	500201025001	工业电视系统	套	1	

续表1-3

序号	项目编码	项目名称	计量单位	工程数量	主要技术条款编码
	500201025002	计算机监控系统	套	1	
(四)		消防设备		1	
(五)		全厂接地			
	500201020007	接地	t	25	
	500201034032	安装费	t	25	
(六)		近区馈电设备及安装			
	500201021004	大坝变压器 SCB10－250/10.5	台	1	
	500201024021	大坝低压屏	块	2	
	500201024022	大坝高压屏	块	1	
	500201017003	照明配电箱	个	2	
	500201016002	动力配电箱	个	2	
	500201005002	柴油发电机 180 kW	台	1	
	500201021005	近区变压器 S10－2500/11	台	1	
	500201016003	动力配电箱	个	1	
	500201021006	放空洞变压器 SC10－125/10.5	台	1	
	500201024023	放空洞低压屏	块	2	
	500201024024	放空洞高压屏	块	1	
	500201017004	照明配电箱	个	2	
	500201016004	动力配电箱	个	2	
(七)		交通设施			
	500201034033	轿车	辆	1	
	500201034034	载重汽车	辆	1	
	500201034035	工具车	辆	1	
	500201034036	消防车	辆	1	
	500201034037	越野车	辆	1	
	500201034038	汽船	艘	1	
(八)		水情自动测报系统	项	1	
(九)		大坝外部观测设备及安装	项	1	
Ⅲ		金属结构设备及安装工程			
一		泄洪工程			
(一)		溢洪道闸门及设备安装			
1		闸门设备及安装			
	500202005004	弧门门叶	t	96	
	500202005005	埋件	t	7	

续表 1-3

序号	项目编码	项目名称	计量单位	工程数量	主要技术条款编码
2		启闭机设备及安装			
	500202003001	液压启闭机	台	2	
(二)		检修门设备及安装			
1		闸门设备及安装			
	500202005006	平板闸门门叶 45 t/扇	t	45	
	500202005007	埋件	t	16	
2		启闭机设备及安装			
	500202001001	门式启闭机 自重 50 t	台	1	
	500201034039	自动吊梁	t	8	
	500201011003	轨道 P43	双 10 m	40	
(三)		放空洞锥形阀			
	500201009002	锥形阀(外购)	t	20	
二		发电厂工程			
(一)		进水口闸门设备及安装			
1		闸门设备及安装			
	500202005008	平板闸门门叶 60 t/扇(拉杆 30 t)	t	90	
	500202005009	埋件 30 t/套	t	30	
2		启闭机设备及安装			
	500202003002	液压启闭机 QPPY 自重 50 t	台	1	
(二)		尾水闸门设备及安装			
1		闸门设备及安装			
	500202005010	平板闸门门叶 7 t/扇	t	7	
	500202005011	埋件 3 t/套	t	9	
2		启闭机设备及安装			
	500202009001	电动葫芦 自重 4 t	台	1	
	500201011004	轨道 P43	双 10 m	3	
(三)		进水口拦污栅设备及安装			
	500202006001	栅体	t	55	
	500202006002	栅槽	t	10	
(四)		压力钢管制作及安装			
	500202008001	直管制作及安装($\zeta = 30$ cm)	t	240	
	500202008002	岔管制作及安装($\zeta = 30$ cm)	t	130	
	500202008003	支管制作及安装($\zeta = 18$ cm)	t	90	

任务 1.3　编制措施项目清单

措施项目：为完成工程项目施工，发生于该工程施工前和施工过程中招标人不要求列示工程量的施工措施项目。

措施项目清单，应根据招标工程的具体情况，参照表 1-4 中项目列项。

表 1-4　措施项目一览表

序号	项目名称
1	环境保护
2	文明施工
3	安全防护措施
4	小型临时工程
5	施工企业进退场费
6	大型施工设备安拆费
	……

编制措施项目清单，出现表 1-4 未列项目时，根据招标工程的规模、涵盖的内容等具体情况，编制人可做补充；一般情况下，措施项目清单应编制一个"其他"作为最末项。凡能列出工程数量并按单价结算的措施项目，均应列入分类分项工程量清单。

根据本工程的特点，可将措施项目清单列为如表 1-5 所示。

表 1-5　措施项目清单

序号	项目名称	备注
1	一般项目	
1.1	进退场费	
1.1.1	进场费	
1.1.2	退场费	
1.2	临时设施	
1.2.1	施工交通	
1.2.2	施工供电	
1.2.3	施工供风	
1.2.4	施工供水	
1.2.5	施工照明	
1.2.6	施工通信	
1.2.7	施工机械修配和加工厂	

续表1-5

序号	项目名称	备注
1.2.8	仓库及堆料场	
1.2.9	临时房屋建筑和公用设施	
1.2.10	营地综合管理费	
1.2.11	砂石加工系统	
1.2.11.1	系统设计费	
1.2.11.2	建安工程	
1.2.11.3	系统拆除工程	
1.2.12	混凝土拌和系统	
1.2.12.1	系统设计费	
1.2.12.2	建安工程	
1.2.12.3	系统拆除工程	
1.2.12.4	混凝土试生产	
1.2.13	临时交通桥	
1.2.14	其他临时工程	
1.3	施工防洪度汛	
1.4	渣场维护、管理	
1.5	施工期稳定监测	
1.6	边坡监测协调配合费	
1.7	帷幕灌浆试验	
1.8	水保、环保、安全文明施工措施费	
1.8.1	专项安全措施费	
1.8.2	水土保持、环境保护措施费	
2	安全施工措施费	
3	冬季施工措施费	
4	保险	
4.1	承包人的第三者责任险	
4.2	施工设备、材料保险费	
4.3	人身意外伤害保险费	
5	芯样试验	
6	其他措施费用	
7	导流工程	
7.1	导流洞工程	
7.2	围堰工程	

任务 1.4   编制其他项目清单

其他项目:为完成工程项目施工,发生于该工程施工过程中招标人要求计列的费用项目。该费用项目列由招标人掌握,为暂定项目和可能发生的合同变更而预留的费用。编制人在符合法规的前提下,可根据招标工程具体情况调整补充。

其他项目清单,一般包括暂定金额(或称"预留金")和暂估价。

根据本工程实现情况,可将其他项目清单列为如表1-6所示。

表1-6   其他项目清单

序号	项目名称	金额(元)	备注
一	暂定金额		
二	暂估价		
(一)	交通工程		
1	右岸上坝公路		
2	左岸厂内公路		
3	工程区内交通及联系桥		
4	坳下滩大桥加固		
(二)	房屋建筑工程		
1	办公用房		
2	防汛仓库		
3	值班宿舍及文化福利建筑		
4	室外工程		
(三)	其他建筑工程		
1	安全监测设施工程		

任务 1.5　编制零星工作项目清单

零星工作项目(或称"计日工"):为完成招标人提出的零星工作项目所需的人工、材料、机械单价。

编制零星工作项目清单,应根据招标工程具体情况,对工程实施过程中可能发生的变更或新增加的零星项目,列出人工(按工种)、材料(按名称和型号规格)、机械(按名称和型号规格)的计量单位,不列出具体数量,并随工程量清单发至投标人。零星工作项目清单的单价由投标人填报。

一般情况下,可将零星工作项目清单列为如表 1-7 所示。

表 1-7　零星工作项目清单

序号	名称	型号规格	计量单位	备注
1	人工			
1.1	工长		工时	
1.2	高级工		工时	
1.3	中级工		工时	
1.4	初级工		工时	
2	材料			
2.1				
2.2				
2.3				
2.4				
2.5				
2.6				
2.7				
2.8				
3	机械			
3.1			台时	
3.2			台时	

任务1.6　编制其他表格及计价格式

除了提供以上主要的工程量清单外,还需要按规范格式整理工程量清单,并提供工程量清单及其计价格式。

工程量清单应采用 GB 50501—2007 规定的统一格式,工程量清单格式由封面、填表须知、总说明、分类分项工程量清单、措施项目清单、其他项目清单、零星工作项目清单和其他辅助表格(包括招标人供应材料价格表、招标人提供施工设备表、招标人提供施工设施表)组成。

招标人对发给投标人的工程量清单中的任何内容不得随意增加、删除或涂改,若需要修改或补充,招标人必须在招标文件规定的时间内,采取发书面补充通知的方式通知所有投标人对工程量清单进行修改或补充。

以下为工程量清单格式样例:

1.6.1　工程量清单格式

1.6.1.1　工程量清单应采用计价规范的统一格式。

1.6.1.2　工程量清单格式应由下列内容组成:

1　封面。

2　总说明。

3　分类分项工程量清单。

4　措施项目清单。

5　其他项目清单。

6　零星工作项目清单。

7　其他辅助表格。

　　1)招标人供应材料价格表;

　　2)招标人提供施工设备表;

　　3)招标人提供施工设施表。

1.6.1.3　工程量清单格式的填写应符合下列规定:

1　工程量清单应由招标人编制。

2　工程量清单中的任何内容不得随意删除或涂改。

3　工程量清单中所有要求盖章、签字的地方,必须由规定的单位和人员盖章、签字(其中法定代表人也可由其授权委托的代理人签字、盖章)。

4　总说明填写。

　　1)招标工程概况;

　　2)工程招标范围;

　　3)招标人供应的材料、施工设备、施工设施简要说明;

　　4)其他需要说明的问题。

5　分类分项工程量清单填写。

　　1)项目编码,按计价规范规定填写,水利建筑工程工程量清单项目中,以×××

表示的十至十二位由编制人自001起顺序编码;水利安装工程工程量清单项目中,十至十二位由编制人自001起顺序编码。

2)项目名称,根据招标项目规模和范围、附录A和附录B的项目名称,参照行业有关规定,并结合工程实际情况设置。

3)计量单位的选用和工程量的计算应符合附录A和附录B的规定。

4)主要技术条款编码,按招标文件中相应技术条款的编码填写。

6　措施项目清单填写。按招标文件确定的措施项目名称填写。凡能列出工程数量的措施项目,均应列入分类分项工程量清单。

7　其他项目清单填写。按招标文件确定的其他项目名称、金额填写。

8　零星工作项目清单填写。

1)名称及型号规格,人工按工种,材料按名称和型号规格,机械按名称和型号规格,分别填写。

2)计量单位,人工以工日或工时,材料以吨、立方米等,机械以台时或台班,分别填写。

9　招标人供应材料价格表填写。按表中材料名称、型号规格、计量单位和供应价填写,并在供应条件和备注栏内说明材料供应的边界条件。

10　招标人提供施工设备表填写。按表中设备名称、型号规格、设备状况、设备所在地点、计量单位、数量和折旧费填写,并在备注栏内说明对投标人使用施工设备的要求。

11　招标人提供施工设施表填写。按表中项目名称、计量单位和数量填写,并在备注栏内说明对投标人使用施工设施的要求。

项目2　水利工程工程量清单计价编制

任务2.1　工程量清单计价编制概述

工程量清单计价是指在建设工程招标时由招标人计算出工程量,并作为招标文件内容提供给投标人,再由投标人根据招标人提供的工程量自主报价的一种计价行为。就投标单位而言,工程量清单计价可称为工程量清单报价或投标报价;就招标代理机构而言,工程量清单计价可称为招标标底。

2.1.1　工程量清单计价编制的原则与依据

2.1.1.1　工程量清单计价编制的原则

(1)格式和内容要完全统一,不得随意更改。

由于工程量清单为招标文件必不可少的重要组成部分,且其提供的工程量清单计价格式为统一格式或是针对招标项目的具体情况做了适度调整和增减,因此投标人不得随意增加、删除或涂改招标人提供的工程量清单中的任何内容及其计价格式。对于其中个别带有"参考格式"的表格,根据实际需要,可对其进行修改或扩展。

计价表中所有要求签字、盖章的地方,必须由规定的单位和人员签字、盖章(其中法定代表人也可由其授权的委托代理人签字、盖章)。

(2)计价规则和计算结果不得有偏差。

工程量清单计价一定要根据按照招标文件要求、计价规则、编制办法、预算定额来进行编制,计价表中的每一个表格均要计算准确无误。

2.1.1.2　工程量清单计价编制的依据

(1)招标文件的合同条款、技术条款、工程量清单、招标图纸等。

(2)水利工程工程量清单计价规范,水利工程设计概(估)算编制规定,水利工程营业税改征增值税计价依据调整办法。

(3)预算定额或企业定额。

(4)市场人工、材料和施工设备使用价格。

(5)企业自身的管理水平、生产能力。

在水利工程工程量清单计价编制中,应遵循水利工程工程量清单计价规范,参考工程项目所在省(区、市)的水利工程设计概(估)算编制规定和配套预算定额,拥有自编定额的大型企业编制投标报价时应采用企业定额。为便于教学,以下工程项目案例在编制清单计价文件时以水利部编制规定和配套预算定额为依据。

2.1.2　工程量清单计价编制的程序与步骤

工程量清单计价编制的程序与步骤为：

(1)编制人工、材料、机械、混凝土配合比材料、电水风等基础单价和费(税)率选取。

(2)编制工程单价计算表。

(3)编制分类分项工程量清单、措施项目清单、其他项目清单、零星工作项目清单等四部分计价表(含总价项目分类分项工程分解表)。

(4)编制工程项目总价表,并根据投标策略调整材料预算价格、费(税)率。

(5)编制编制说明。

(6)编制其他表格(投标总价、封面、工程单价汇总表等相关表格),并按装订顺序进行排序。

任务2.2　编制基础单价及费(税)率选取

编制基础单价及费(税)率选取,主要包括编制人工、材料、机械、混凝土配合比材料、电水风等基础单价和费(税)率选取。其计算方法基本同概预算编制计算方法,但计算表格不完全相同。

2.2.1　编制人工费单价汇总表

2.2.1.1　人工预算单价的编制依据

(1)《水利工程设计概(估)算编制规定》;

(2)所在省、地区有关人工工资的相关文件。

2.2.1.2　人工工资的分类

根据现行《水利工程设计概(估)算编制规定》(水总〔2014〕429号)和水利部水利企业工资制度改革办法,对人工进行分级,划分为工长、高级工、中级工、初级工四类工种。

2.2.1.3　人工预算单价的计算

人工预算单价应根据编制规定,按工程所在地区的工资区类别和水利水电施工企业工人工资标准并结合水利工程特点等进行计算。

该编制规定对原人工预算单价计算进行了简化,目前只需按工程所在地区类别对照编制规定中的人工预算单价计算标准直接查用。跨地区建设项目的人工预算单价可按主要建筑物所在地确定,也可按工程规模或投资比例进行综合确定。

人工预算单价计算标准见表2-1。

该水库工程为枢纽工程,工程所在地地处湖南省株洲市茶陵县,属一般地区。人工费单价汇总表见表2-2。

2.2.2　编制主要材料预算价格汇总表

材料预算价格是指材料从购买地点运到工地分仓库或相当于工地分仓库的材料堆放场的出库价格,材料从工地分仓库至施工现场用料点的场内运杂费已计入定额内。

表2-1 人工预算单价计算标准　　　　　　　　　　　（单位:元/工时）

类别与等级	一般地区	一类区	二类区	三类区	四类区	五类区 西藏二类	六类区 西藏三类	西藏四类
枢纽工程								
工长	11.55	11.80	11.98	12.26	12.76	13.61	14.63	15.40
高级工	10.67	10.92	11.09	11.38	11.88	12.73	13.74	14.51
中级工	8.90	9.15	9.33	9.62	10.12	10.96	11.98	12.75
初级工	6.13	6.38	6.55	6.84	7.34	8.19	9.21	9.98
引水工程								
工长	9.27	9.47	9.61	9.84	10.24	10.92	11.73	12.11
高级工	8.57	8.77	8.91	9.14	9.54	10.21	11.03	11.40
中级工	6.62	6.82	6.96	7.19	7.59	8.26	9.08	9.45
初级工	4.64	4.84	4.98	5.21	5.61	6.29	7.10	7.47
河道工程								
工长	8.02	8.19	8.31	8.52	8.86	9.46	10.17	10.49
高级工	7.40	7.57	7.70	7.90	8.25	8.84	9.55	9.88
中级工	6.16	6.33	6.46	6.66	7.01	7.60	8.31	8.63
初级工	4.26	4.43	4.55	4.76	5.10	5.70	6.41	6.73

注:艰苦边远地区划分执行人事部、财政部《关于印发〈完善艰苦边远地区津贴制度实施方案〉的通知》(国人部发〔2006〕61号)及各省(区、市)关于艰苦边远地区津贴制度实施意见。一至六类地区及西藏区的类别划分见编制规定的附录4和附录5,执行时应根据最新文件进行调整。一般地区指附录之外的地区。

表2-2 人工费单价汇总表

合同编号:HND－B066C－1－01

工程名称:湖南省茶陵县洮水水库工程

序号	工种	单位	单价(元)	备注
1	工长	工时	11.55	
2	高级工	工时	10.67	
3	中级工	工时	8.90	
4	初级工	工时	6.13	

2.2.2.1 工程常用材料及其分类

水利水电工程建设中所使用的材料品种繁多,规格各异,按其用量的多少及对工程投资的影响程度,可分为主要材料和次要材料。

主要材料是指在施工中用量大或用量虽小但价格很高,对工程投资影响大的材料。常用的主要材料有水泥、钢材、木材、油料(汽油、柴油)、炸药、砂石料等。

次要材料又称其他材料,指施工中用量少,对工程投资影响较小的除主要材料外的其他材料。一般包括电焊条、铁钉、铁件等。

次要材料是相对于主要材料而言的,两者之间并没有严格的界限,要根据工程对某种材料用量的多少及其在工程投资中的比重来确定。

2.2.2.2 材料预算价格的计算

在编制材料的预算价格时,对主要材料应按品种逐一详细计算其预算价格,而对次要材料则简化计算。

1. 主要材料预算价格计算

主要材料预算价格一般包括材料原价、运杂费、运输保险费、采购及保管费四项。

主要材料预算价格的计算公式为:

$$材料预算价格 = 材料原价 + 运杂费 + 运输保险费 + 采购及保管费$$
$$= (材料原价 + 运杂费) \times (1 + 采购及保管费率) + 运输保险费 \qquad (2\text{-}1)$$

在编制材料的预算价格时,对主要材料应按品种逐一详细计算其预算价格,将最终计算结果列于表中,计算过程可以不体现。

1)材料原价

材料原价是指材料在指定地点交货的价格。材料原价(火工产品除外)按工程所在地区附近大的物资供应公司的供货价、材料交易中心的市场成交价或设计选定的生产厂家的出厂价、工程所在地建设工程造价管理部门公布的信息价格计算。但必须充分考虑材料来源、供货比例对材料价格的影响,同种材料因产源地、供应商家的不同,其价格也有不同。为了节约资金、降低工程造价,应合理选择材料的供货商、供货地点、供货比例和运输方式,一般选择就近定点、厂家直供。材料原价的确定,应按不同产地的市场价格和供应比例采取加权平均的方法综合计算。

材料原价应采用发布的不含税信息价格或市场调研的不含税价格。若过渡期采用含税价格编制概(估)算文件,应将含税价格按除以调整系数的方式调整为不含税价格,主要材料除以 1.17,次要材料除以 1.03,购买的砂石料、土料除以 1.03,商品混凝土除以 1.03。

2)运杂费

运杂费是指材料由产地或交货地点运至工地分仓库或相当于工地分仓库的材料堆放场所发生的全部费用,包括运输费、装卸费、调车费及其他杂费等。由工地分仓库至各施工点的运输费用,已包括在定额内,在材料预算价格中不予计算。

在编制材料预算价格时,应按施工组织设计所选定的材料来源地、运输方式、运输工具、运输里程以及交通部门和厂家规定的取费标准,计算材料的运杂费。材料运输一般使用火车、船舶、汽车等运输工具,不同运输工具的运输能力、运输时间和收费标准差别很大,因此运输方式选择要经济合理。长途运输凡有通航河流可以利用的,尽可能先考虑水运,其次是铁路运输,只有水路、铁路不能到达的地方,才使用汽车运输;短途运输应根据具体情况确定,采用汽车、轮船运输。

3)运输保险费

运输保险费是指材料在运输途中向保险公司交纳的货物运输保险费,其计算公式为:

$$运输保险费 = 材料原价 \times 运输保险费率 \qquad (2\text{-}2)$$

运输保险费率可按工程所在省(区、市)或中国人民保险公司的有关规定计算。

4)采购及保管费

采购及保管费是指建设单位和施工单位的材料供应部门在组织材料的采购、供应和保管过程中所发生的费用。

采购及保管费以材料运到工地分仓库的价格(不包括运输保险费)作为计算基数,计算公式为:

$$采购及保管费 = (材料原价 + 运杂费) × 采购及保管费率 \qquad (2-3)$$

采购及保管费率按主管部门规定计算。

2. 次要材料预算价格的确定

次要材料一般品种较多,其费用在投资中所占比例很小,不必逐一详细计算其预算价格。次要材料预算价格可采用工程所在地区定额管理站发行的《建设造价信息》中公布的材料价格,加上运至工地的运杂费用(一般可取预算价格的5%左右)来确定。没有地区预算价格的材料,可参照水利工程实际价格水平确定。

3. 基价及材料补差

为了避免材料市场价格起伏变化造成间接费、企业利润的相应变化,对主要材料规定了统一的价格,按此价格计入工程单价计取有关费用,故称为取费价格。这种价格由主管部门发布,在一定时期内固定不变,故又称为基价。

水利部水总〔2014〕429 号文颁发的《水利工程设计概(估)算编制规定》中规定,主要材料(包括外购砂石料)预算价超过规定的材料基价时,应按基价计入工程单价参加取费,预算价与基价的差值以材料补差形式计算,列入单价表中并计取税金。

水利部印发《水利工程营业税改征增值税计价依据调整办法》(办水总〔2016〕132号)文件,对基价做了调整,调整后的主要材料基价见表2-3。

表 2-3 主要材料基价

序号	材料名称	单位	基价(元)
1	柴油	t	2 990
2	汽油	t	3 075
3	钢筋	t	2 560
4	水泥	t	255
5	炸药	t	5 150
6	砂石料(外购)	m³	70
7	商品混凝土	m³	200

砂石料若由施工企业自行采备,砂石料单价应根据料源情况、开采条件和工艺流程按相应定额和不含增值税进项税额的基础价格进行计算,并计取间接费、利润及税金。自采砂石料按不含税金的单价参与工程费用计算。

本工程项目的主要材料预算价格汇总见表2-4。

表2-4　投标人自行采购主要材料预算价格汇总表

合同编号：HND － B066C － 1 － 01

工程名称：湖南省茶陵县洮水水库工程

序号	材料名称	型号规格	计量单位	预算价（元）	备注
1	风		m³	0.16	
2	电		kW·h	1.00	
3	导火线		m	0.84	
4	水		m³	0.55	
9	卵石		m³	25.23	
10	火雷管		个	0.53	
11	电焊条		kg	7.51	
12	粗砂		m³	23.73	
13	型钢		kg	3.50	
14	钢筋Φ28		kg	3.60	
18	块石		m³	48.02	
19	电雷管		个	1.58	
20	水泥　32.5		t	364.14	
33	碎石		m³	17.24	
34	钢筋		t	2 975.59	
35	碳精棒		根	1.94	
36	探伤材料		张	1.94	
37	中砂、粗砂		m³	23.73	
38	商品混凝土　C50		m³	320.00	
39	钢管		kg	4.00	
40	滤油纸		张	3.80	
41	水泥		t	364.14	
42	柴油		t	4 072.06	

2.2.3　编制施工机械台时费价格汇总表

目前常用的水利水电工程施工机械按设备的功能分,可分为土石方机械、混凝土机械、运输机械、起重机械、砂石料加工机械、钻孔灌浆机械、工程船舶、动力机械及其他机械共九类。

施工机械台时费是指一台施工机械在一个工作小时内为使机械正常运行所需支付(损耗)和分摊的各种费用的总和,以台时为计量单位。台时费是计算建筑安装工程单价中机械使用费的基础单价,应根据施工机械台时费定额及有关规定进行编制。

2.2.3.1　施工机械台时费的组成

施工机械台时费由一类、二类费用组成。

1.一类费用

一类费用由折旧费、修理及替换设备费(含大修理费、经常性修理费、替换设备费)、安装拆卸费等组成。一类费用在施工机械台时费定额中以金额表示,其大小是按定额编制年的物价水平确定的,现行部颁定额是按2000年物价水平,因此考虑物价上涨因素,编制台时费时应按主管部门公布的调整系数进行调整。

2. 二类费用

二类费用是指机上人工费和机械所消耗的动力、燃料费,在施工机械台时费定额中以实物量形式表示,其定额数量一般不允许调整,其费用按国家规定的人工工资计算办法和工程所在地的物价水平分别计算。

1)机上人工费

机上人工费是指施工机械运转时应配备的机上操作人员预算工资所需的费用。机上人工在台时费定额中以工时数量表示,它包括机械运转时间、辅助时间、用餐时间、交接班时间以及必要的机械正常中断时间。

2)动力、燃料费

动力、燃料费是指施工机械正常运转时所耗用的各种动力、燃料及各种消耗性材料,包括风(压缩空气)、水、电、汽油、柴油、煤和木柴等所需的费用。定额中以实物消耗量表示。其中,机械消耗电量包括机械本身和最后一级降压变压器低压侧至施工用电点之间的线路损耗,风、水消耗包括机械本身和移动支管的损耗。

2.2.3.2 施工机械台时费的计算

施工机械台时费的计算现执行2002年水利部颁发的《水利工程施工机械台时费定额》及有关规定。

1.一类费用

根据施工机械型号、规格、吨位等参数,查阅定额可得一类费用。现行部颁定额中一类费用以金额形式表示,按2000年价格水平编制,以后年度由于物价上涨,由主管部门发布不同调整系数进行调整。计算公式为:

$$一类费用 = 定额一类费用金额 \times 编制年调整系数 \qquad (2-4)$$

营改增后,施工机械台时费定额的折旧费应除以1.15的调整系数,修理及替换设备费除以1.11的调整系数,安装拆卸费不变。掘进机及其他由建设单位采购、设备费单独列项的施工机械,台时费中不计折旧费,设备费除以1.17的调整系数。

2.二类费用

将定额中的人工工时、燃料、动力消耗数量分别乘以本工程的人工预算单价、材料预算价格,其值进行合计,得出二类费用,其中机上人工按中级工考虑。计算公式如下

$$二类费用 = 机上人工费 + 动力、燃料费 \qquad (2-5)$$

其中:

$$机上人工费 = 定额机上人工工时数 \times 中级工人工预算单价 \qquad (2-6)$$

$$动力、燃料费 = \sum (定额动力、燃料消耗量 \times 动力、燃料预算价格) \qquad (2-7)$$

3.施工机械台时费

$$施工机械台时费 = 一类费用 + 二类费用 \qquad (2-8)$$

施工机械台时费的计算是为建筑、安装工程的单价计算服务的,根据单价分析需要计算施工机械的台时费。

本工程的部分施工机械台时费计算成果见表2-5。

合同编合:HND - B066C - 1 - 01
工程名称:湖南省茶陵县洮水水库工程

表 2-5　施工机械台时费价格汇总表

单位:元/台时

序号	机械名称	型号规格	一类费用					二类费用							合计
			折旧费	维修费	安拆费	小计	人工费	柴油	汽油	电	风	水	煤	小计	
1009	单斗挖掘机　液压　1 m³		30.98	22.94	2.18	56.10	24.03	44.55						68.58	124.68
1011	单斗挖掘机　液压　2 m³		77.44	49.26	3.56	130.26	24.03	60.40						84.43	214.69
1028	装载机　轮胎式　1 m³		11.43	7.69		19.12	11.57	29.30						40.87	59.99
1042	推土机 59 kW		9.39	11.73	0.49	21.61	21.36	25.12						46.48	68.09
1043	推土机 74 kW		16.52	20.55	0.86	37.93	21.36	31.69						53.05	90.98
1044	推土机 88 kW		23.23	26.19	1.06	50.48	21.36	37.67						59.03	109.51
1084	振动碾　凸块　13 ~ 14 t		64.65	30.14		94.79	24.03	48.74						72.77	167.56
1095	蛙式夯实机 2.8 kW		0.15	0.91		1.06	17.80			2.50				20.30	21.36
1096	风钻　手持式		0.47	1.70		2.17					28.82	0.17		28.99	31.16

2.2.4 编制施工用电、水、风价格汇总表

电、水、风在水利水电工程施工中消耗量很大,其预算价格的准确程度直接影响施工机械台时费和工程单价的高低,从而影响工程造价。因此,在编制电、水、风预算单价时,要根据施工组织设计所确定的电、水、风供应方式、布置形式、设备情况和施工企业已有的实际资料分别进行计算。

2.2.4.1 施工用电价格计算

施工用电按其用途可分为生产用电和生活用电两部分。施工用电电价计算范围仅指生产用电。生活用电不直接用于生产,应在间接费内开支或由职工负担。

1. 施工用电的来源、途径分析

水利水电工程施工用电有外购电和自发电两种供电方式。来自国家、地方电网或其他电厂的供电叫外购电;来自施工企业自备柴油机或自建发电厂的供电叫自发电。其中,电网供电电价低廉,电源可靠,是施工时的主要电源;自发电成本较高,一般作为施工单位的备用电源或高峰用电时使用。

2. 施工用电价格的组成

施工用电价格由基本电价、电能损耗摊销费和供电设施维修摊销费三部分组成。根据施工组织设计确定的供电方式以及不同电源的电量所占比例,按国家或工程所在省(区、市)规定的电网电价和规定的加价进行计算。

1)基本电价

(1)外购电的基本电价:指施工企业向供电单位购电所需支付的供电价格。凡是由国家电网供电的,执行国家规定的基本电网电价中的非工业标准电价,包括电网电价、电力建设基金、用电附加费及各种按规定的加价。由地方电网或其他企业中小型电网供电的,执行地方电价主管部门规定的电价。

(2)自发电的基本电价:指施工企业自建发电厂(或自备发电机)的单位成本。自建发电厂一般有柴油发电厂(柴油发电机组)、燃煤发电厂和水力发电厂等。水利工程施工中,施工单位一般自备柴油发电机组或柴油发电机作为备用电源。

①柴油发电厂供电。应根据自备电厂所配置的设备,以台时总费用来计算单位电能的成本作为基本电价,可按下式计算:

$$基本电价 = \frac{台时总费用}{台时总发电量 \times (1 - 厂用电率)} \tag{2-9}$$

$$台时总发电量 = 发电机额定容量之和 \times 发电机出力系数 \tag{2-10}$$

$$台时总费用 = 柴油发电机组(台)时费 + 水泵组(台)时费 \tag{2-11}$$

式中,厂用电率一般可取 4% ~6%;发电机出力系数根据设备的技术性能和状态选定,一般可取 0.8 ~0.85。

②柴油发电机供电如果采用循环冷却水,不用水泵,基本电价的计算公式为:

$$基本电价 = \frac{台时总费用}{台时总发电量 \times (1 - 厂用电率)} + 单位循环冷却水费 \tag{2-12}$$

$$台时总费用 = 柴油发电机组(台)时费 \tag{2-13}$$

式中,单位循环冷却水费取 $0.03 \sim 0.05$ 元/(kW·h),其他同前。

2)电能损耗摊销费

(1)外购电的电能损耗摊销费:指从施工企业与供电部门的产权分界处起到现场各施工点最后一级降压变压器低压侧止,所有变配电设备和输配电线路上所发生的电能损耗摊销费。包括由高压电网到施工主变压器高压侧之间的高压输电线路损耗和由主变压器高压侧至现场各施工点最后一级降压变压器低压侧之间的变配电设备及配电线路损耗两部分。

(2)自发电的电能损耗摊销费:指从施工企业自建发电厂的出线侧起至现场各施工点最后一级降压变压器低压侧止,所有变配电设备和输配电线路上发生的电能损耗摊销费。当出线侧为低压供电时,损耗已包括在台时耗电定额内;当出线侧为高压供电时,则应计入变配电设备及线路损耗摊销费。

从最后一级降压变压器低压侧至施工用电点的施工设备和低压配电线路损耗,已包括在各用电施工设备、工器具的台时耗电定额内,电价中不再考虑。

电能损耗摊销费通常用电能损耗率表示。

3)供电设施维修摊销费

供电设施维修摊销费指摊入电价的变配电设备的基本折旧费、大修理、安装和拆除费、设备及输配电线路的移设和运行维护费等。

按现行编制规定,施工场地外变配电设备可计入临时工程,故供电设施维修摊销费中不包括基本折旧费。

供电设施维修摊销费的计算非常烦琐,在编制初步设计概算阶段,由于设计深度难以满足计算要求,因此一般都根据经验指标计算。在编制预算阶段,可按下式计算:

$$摊销费 = \frac{应摊销的总费用}{总电量(包括生活用电)} \tag{2-14}$$

3.电价计算

1)外购电电价

根据施工组织设计确定的供电方式及不同电源的电量所占比例,按国家或工程所在地省(区、市)规定的电网电价和规定的加价进行计算。计算公式为:

$$电网供电价格 = \frac{基本电价}{(1 - 高压输电线路损耗率) \times (1 - 35\ kV\ 以下变配电设备及配电线路损耗率)} +$$
$$供电设施维修摊销费(变配电设备除外) \tag{2-15}$$

式中,基本电价按国家或地方供电部门的规定计取;高压输电线路损耗率取 $3\% \sim 5\%$;35 kV 以下变配电设备及配电线路损耗率取 $4\% \sim 7\%$;供电设施维修摊销费取 $0.04 \sim 0.05$ 元/(kW·h)。

线路短、供电集中取小值,反之取大值。

2)自发电电价

(1)采用循环冷却水时,计算公式为:

$$柴油发电机供电价格 = \frac{柴油发电机组(台)时费}{柴油发电机额定容量之和 \times 发电机出力系数 \times (1 - 厂用电率)} \div$$

(1 - 变配电设备及配电线路损耗率) + 供电设施维修摊销费 + 单位循环冷却水费 (2-16)

(2)采用专用水泵供给冷却水时,计算公式为:

$$柴油发电机供电价格 = \frac{柴油发电机组(台)时费 + 水泵组(台)时费}{柴油发电机额定容量之和 \times 发电机出力系数 \times (1 - 厂用电率)} \div$$

(1 - 变配电设备及配电线路损耗率) + 供电设施维修摊销费 (2-17)

式中,发电机出力系数取 0.80 ~ 85;厂用电率取 3% ~ 5%;变配电设备及配电线路损耗率取 4% ~ 7%;供电设施维修摊销费取 0.04 ~ 0.05 元/(kW·h);单位循环冷却水费取 0.05 ~ 0.07 元/(kW·h)。

3)综合电价

外购电与自发电的电量比例按施工组织设计确定。同一工程中有两种或两种以上供电方式供电时,综合电价应根据供电比例加权平均计算。以外购电供电为主的工程,自发电的电量比例一般不宜超过 5%,如仅为安保备用,可忽略不计。

2.2.4.2 施工用水价格计算

水利水电工程的施工用水,包括生产用水和生活用水两部分。生产用水指直接进入工程成本的施工用水,主要包括施工机械用水、砂石料筛洗用水、混凝土拌制养护用水、钻孔灌浆用水、土石坝砂石料压实用水等。生活用水主要指用于职工、家属的饮用和洗涤等的用水。水利水电基本建设工程概预算中施工用水的水价,仅指生产用水的水价。对生产用水计算水价是计算各种用水施工机械台时费用和工程单价的依据。生活用水应由间接费用开支或由职工自行负担,不属于施工用水水价计算范畴。如生产、生活用水采用同一系统供水,凡由生活用水而增加的费用(如净化药品费等),均不应摊入生产用水的单价内。生产用水如需分别设置几个供水系统,则可按各系统供水量的比例加权平均计算综合水价。

1. 施工用水价格的组成

施工用水价格由基本水价、供水损耗摊销费和供水设施维修摊销费组成。

1)基本水价

基本水价是根据施工组织设计确定的高峰用水量所配备的供水系统设备(不含备用设备),按台时产量分析计算的单位水量的价格。基本水价是构成水价的基本部分,其高低与生产用水的工艺要求以及施工布置密切相关,如用水需做沉淀处理、扬程高等,则水价高,反之水价就低。

基本水价的计算公式为:

$$基本水价 = \frac{水泵组(台)时费}{水泵额定容量之和(m^3/h) \times 能量利用系数} \quad (2-18)$$

式中,能量利用系数一般取 0.75 ~ 0.85。

2)供水损耗摊销费

水量损耗是指施工用水在储存、输送、处理过程中的水量损失。在计算水价时,水量损耗通常以损耗率的形式表示,计算公式为:

$$损耗率(\%) = \frac{损失水量}{水泵总出水量} \times 100\% \quad (2-19)$$

供水损耗率的大小与蓄水池及输水管路的设计、施工质量和维修管理水平的高低有直接关系,编制概算时一般可按出水量的 6% ~10% 计取,在预算阶段,如有实际资料,应根据实际资料计算。

3)供水设施维修摊销费

供水设施维修摊销费是指摊入水价的水池、供水管路等供水设施的单位维护修理费用。一般情况下,该项费用难以准确计算,可按 0.04 ~0.05 元/m³ 的经验指标摊入水价,大型工程或一、二级供水系统可取大值,中小型工程或多级供水系统可取小值。

2. 水价计算

$$施工用水水价 = \frac{基本水价}{1 - 损耗率} + 供水设施维修摊销费 \qquad (2\text{-}20)$$

2.2.4.3　施工用风价格

施工用风主要指在水利水电工程施工过程中用于石方开挖、混凝土振捣、基础处理、金属结构和机电设备安装工程等风动机械所需的压缩空气,如风钻、潜孔钻、振动器、凿岩台车等。施工用风价格是计算各种风动机械台时费的依据。

压缩空气一般由自建压缩系统供给。常用的有固定式空压机和移动式空压机。在大中型工程中,一般都采用多台固定式空压机集中组成压气系统,并以移动式空压机为辅助。为保证风压,减少管路损耗,顾及施工初期及零星工程用风需要,一般工程多采用分区布置供风系统,各区供风系统因布置形式和机械组成不一定相同,因而各区的风价也不一定相同,这种情况下应按各系统供风量的比例加权平均计算综合风价。

1. 施工用风价格的组成

施工用风价格由基本风价、供风损耗摊销费和供风设施维修摊销费组成。

1)基本风价

基本风价是指根据施工组织设计所配置的供风系统设备,按台时总费用除以台时总供风量计算的单位风量价格。

2)供风损耗摊销费

供风损耗摊销费是指由压气站至用风工作面的固定供风管道,在输送压气过程中所发生的风量损耗摊销费用。损耗及损耗摊销费的大小与管道长短、管道直径、闸阀和弯头等构件多少、管道敷设质量、设备安装高程的高低有关。损耗摊销费常用损耗率表示。

风动机械本身的用风及移动的供风管道损耗已包括在该机械的台时耗风定额内,不在风价中计算。

3)供风设施维修摊销费

供风设施维修摊销费是指摊入风价的供风管道的维护修理费用。因该项费用数值甚微,初步设计阶段常不进行具体计算,而采用经验指标值;编制预算时,若实际资料不足,无法进行具体计算,也可采用经验值。

2. 风价计算

(1)采用水泵供水冷却时,计算公式为:

$$施工用风价格 = \frac{空压机组(台)时费 + 水泵组(台)时费}{空压机额定容量之和(m^3/min) \times 60(min) \times 能量利用系数} \div$$

$$(1 - 供风损耗率) + 供风设施维修摊销费 \qquad (2\text{-}21)$$

（2）采用循环水冷却时,计算公式为:

$$施工用风价格 = \cfrac{空压机组(台) 时费}{空压机额定容量之和(m^3/min) \times 60(min) \times 能量利用系数} \div$$
$$(1 - 供风损耗率) + 供风设施维修摊销费 + 单位循环冷却水费$$
$$\qquad (2\text{-}22)$$

式中,能量利用系数一般取 0.70 ~ 0.85;单位循环冷却水费一般取 0.007 元/m^3;供风损耗率一般按总用风量的 6% ~ 10% 选取,供风管路短的取小值,长的取大值;供风设施维修摊销费一般取 0.004 ~ 0.005 元/m^3。

（3）综合风价。同一工程中有两个或两个以上的供风系统时,综合风价应根据供风比例加权平均计算。

本工程施工用电、水、风价格计算见表 2-6。

表 2-6 施工用电、水、风价格计算表

一、施工用电价格计算

本工程施工用电全部采用当地电网供电,基本电价执行 2015 年 4 月 16 日湘发改价商〔2015〕263 号文《关于降低全省燃煤发电上网电价和工商业用电价格的通知》。

其中:基本电价　　　0.888 5　　　元/(kW·h)

A.外购电电价计算:100%

（一）计算公式

$$电价 = 基本电价 \div (1 - 高压输电线路损耗率) \div$$
$$(1 - 变配电设备及配电线路损耗率) +$$
$$供电设施维修摊销费$$

（二）计算依据

1.基本电价	0.888 5	元/(kW·h)
2.变配电设备及配电线路损耗率	6	%
3.高压输电线路损耗率	0	%
4.供电设施维修摊销费	0.05	元/(kW·h)

（三）电价计算

电网电价 = 0.888 5 ÷ (1 - 0%) ÷ (1 - 6%) + 0.05 = 1.00 元/(kW·h)

B.自发电电价计算:0%

（一）计算公式

$$电价 = (柴油发电机组(台)时总费用 + 水泵组(台)时总费用) \div$$
$$(柴油发电机额定容量之和 \times K) \div (1 - 厂用电率) \div (1 -$$
$$变配电设备及配电线路损耗率) + 供电设施维修摊销费 +$$
$$单位循环冷却水费$$

续表2-6

（二）计算依据

　　1. 厂用电率　　　　　　　　　 ___3___ ％

　　2. 单位循环冷却水费　　　　 ___0___ 元

　　3. 柴油发电机额定容量之和　 ___320___ kW

　　4. 变配电设备及配电线路损耗率 ___4___ ％

　　5. 发电机出力系数 K　　　　 ___0.8___ ％

　　6. 供电设施维修摊销费　　　 ___0.03___ 元

　　7. 柴油发电机组（台）时总费用 +
　　　 水泵组（台）时总费用　　 ___622.95___ 元

（三）电价计算

$$自发电价 = 622.95 \div (320 \times 0.8) \div (1 - 3\%) \div (1 - 4\%) + 0.03 + 0$$
$$= 2.64 \ 元/(kW \cdot h)$$
$$综合电价 = 1.00 \times 100\% + 2.64 \times 0\% = 1.00 \ 元/(kW \cdot h)$$

二、施工用风价格计算

　　依据施工组织设计提供的资料，采用 40 m³/min 固定式空压机 2 台、20 m³/min 固定式空压机 2 台、10 m³/min 固定式空压机 1 台、10 m³/min 移动式空压机 4 台。

（一）计算公式

$$风价 = 空气压缩机组（台）时总费用 \div (空气压缩机组额定容量之和 \times$$
$$60 \ min \times K)/(1 - 供风损耗率) + 供风设施维修摊销费 + 单位循$$
$$环冷却水费$$

（二）计算依据

　　1. 能量利用系数 K　　　 ___0.75___

　　2. 供风损耗率　　　　　 ___10___ ％

　　3. 摊销费　　　　　　　 ___0.003___ 元

　　4. 单位循环冷却水费　　 ___0.005___ 元

　　5. 额定容量之和　　　　 ___170___ kW

　　6. 台时总费用　　　　　 ___1 047.42___ 元

（三）风价计算

$$风价 = 1 047.42 \div (170 \times 60 \times 0.75 \times 1) \div$$
$$(1 - 10\%) + 0.003 + 0.005 = 0.16 \ 元/m^3$$

三、施工用水价格计算

　　本工程施工用水采用 6SA-8 型离心水泵 4 台，功率 37 kW，流量为 160 m³/h。150S-78 型水泵 4 台，功率 55 kW，流量为 198 m³/h。

续表 2-6

（一）计算公式

水价 = 水泵组（台）时总费用 ÷（水泵额定容量之和 × K）÷（1 - 供水损耗
率）+ 供水设施维修摊销费

（二）计算依据

1. 能量利用系数 K <u> 0.8 </u>

2. 供水损耗率   <u> 8 </u> %

3. 摊销费   <u>0.05</u> 元/m³

4. 额定容量之和   <u>1 432</u> kW

5. 组（台）时总费用   <u>522.84</u> 元

（三）水价计算

水价 = 522.84 ÷（1 432 × 0.8 × 1）/（1 - 8%）+ 0.05 = 0.55 元/m³

2.2.5　编制混凝土配合比材料费表

混凝土配合比材料包括混凝土、砂浆材料。混凝土、砂浆材料单价是指配制 1 m³ 混凝土、砂浆所需的水泥、砂石骨料、水、掺和料及外加剂等各种材料的费用之和,不包括混凝土和砂浆拌制、运输、浇筑等工序的人工、材料和机械费用,也不包括除搅拌损耗外的施工操作损耗及超填量等。

混凝土、砂浆材料在混凝土、砌筑工程单价中占有较大的比重,在编制混凝土、砌筑工程单价时,应根据设计选定的不同工程部位的混凝土及砂浆的强度等级、级配和龄期确定出各组成材料的用量,进而计算出混凝土、砂浆材料单价。

根据每立方米混凝土、砂浆中各种材料预算用量分别乘以其材料预算价格,其总和即为定额项目表中混凝土、砂浆的材料单价。

2.2.5.1　编制混凝土材料单价应遵循的原则

(1)编制拦河坝等大体积混凝土概预算单价时,必须掺加适量的粉煤灰以节省水泥用量,其掺用比例应根据设计对混凝土的温度控制要求或试验资料选取。如无试验资料,可根据一般工作实际掺用比例情况,按现行《水利建筑工程概算定额》附录 7 掺粉煤灰混凝土材料配合表选取。

(2)编制所有现浇混凝土及碾压混凝土概预算单价时,均应采用掺外加剂(木质素磺酸钙等)的混凝土配合比作为计价依据,以减少水泥用量。一般情况下不采用纯混凝土配合比作为编制混凝土概预算单价的依据。

(3)现浇水泥混凝土强度等级的选取,应根据设计对不同水工建筑物的不同运用要求,尽可能利用混凝土的后期(60 d、90 d、180 d、360 d)强度,以降低混凝土强度等级,节省水泥用量。现行定额中,不同混凝土配合比所对应的混凝土强度等级均以 28 d 龄期的抗压强度为准,如设计龄期超过 28 d,应进行换算。各龄期强度等级换算为 28 d 龄期强度等级的换算系数见表 2-7。当换算结果介于两种强度等级之间时,应选用高一级的强度等级。如某大坝混凝土采用 180 d 龄期设计强度等级为 C20,则换算为 28 d 龄期时对应的混凝土强度等级为:C20×0.71≈C14,其结果介于 C10 与 C15 之间,则混凝土的强度等级取 C15。

表 2-7 混凝土龄期与强度等级换算系数

设计龄期(d)	28	60	90	180	360
强度等级换算系数	1.00	0.83	0.77	0.71	0.65

按照国际标准(ISO3893)的规定,且为了与其他规范相协调,将原规范混凝土及砂浆标号的名称改为混凝土及砂浆强度等级。新强度等级与原标号对照见表 2-8 和表 2-9。

表 2-8 混凝土强度等级与原标号对照表

原标号(kgf/cm²)	100	150	200	250	300	350	400
新强度等级	C9	C14	C19	C24	C29.5	C35	C40

表 2-9 砂浆新强度等级与原标号对照表

原标号(kgf/cm²)	30	50	75	100	125	150	200	250	300	350	400
新强度等级	M3	M5	M7.5	M10	M12.5	M15	M20	M25	M30	M35	M40

2.2.5.2 混凝土材料单价的计算

混凝土各组成材料的用量是计算混凝土材料单价的基础,应根据工程试验提供的资料计算。若设计深度或试验资料不足,也可按下述计算步骤和方法计算混凝土半成品的材料用量及材料单价。

1. 选定水泥品种与强度等级

拦河坝等大体积水工混凝土,一般可选用强度等级为 32.5 与 42.5 的水泥。对水位变化区外部混凝土,宜选用普通硅酸盐大坝水泥和普通硅酸盐水泥;对大体积建筑物内部混凝土、位于水下的混凝土和基础混凝土,宜选用矿渣硅酸盐大坝水泥、矿渣硅酸盐水泥和粉煤灰硅酸盐水泥。

2. 确定混凝土强度等级和级配

混凝土强度等级和级配是根据水工建筑物各结构部位的运用条件、设计要求和施工条件确定的。在资料不足的情况下,可参考表 2-10 选定。

3. 确定混凝土材料配合比

确定混凝土材料配合比时,应考虑按混合料、掺外加剂和利用混凝土后期强度等节约水泥的措施。混凝土材料中各项组成材料的用量,应按设计强度等级,根据试验确定的混凝土配合比计算,计算中水泥、砂、石预算用量要比配合比理论计算量分别增加 2.5%、3% 与 4%。初设阶段的纯混凝土、掺外加剂混凝土,或可行性研究阶段的掺粉煤灰混凝土、碾压混凝土、纯混凝土、掺外加剂混凝土等,如无试验资料,可参照概算定额附录中的混凝土材料配合比查用。

表 2-10　混凝土强度等级与级配参考表

工程类别	不同强度等级不同级配混凝土所占比例(%)			
	C20~C25 二级配	C20 三级配	C15 三级配	C10 四级配
大体积混凝土坝	8	32		60
轻型混凝土坝	8	92		
水闸	6	50	44	
溢洪道	6	69	25	
进水塔	30	70		
进水口	20	60	20	
隧洞衬砌 混凝土泵衬砌边顶拱 混凝土泵衬砌顶拱	 80 30	 20 70		
竖井衬砌 混凝土泵浇筑 其他方法浇筑	 100 30	 70		
明渠混凝土		75	25	
地面厂房	35	35	30	
河床式电站厂房	50	25	25	
地下厂房	50	50		
扬水站	30	35	35	
大型船闸	10	90		
中小型船闸	30	70		

现行《水利建筑工程概算定额》附录 7 列出了不同强度混凝土、砂浆配合比。在使用混凝土材料配合比表时,应注意以下几个方面:

(1)表中混凝土材料配合比是按卵石、粗砂拟定的,如改用碎石或中细砂,应对配合比表中的各材料用量进行换算,换算系数见表 2-11。粉煤灰的换算系数同水泥的换算系数。

(2)埋块石混凝土应按配合比表的材料用量,扣除埋块石实体的数量计算。其计算公式为:

埋块石混凝土材料量 = 配合表列材料用量 × (1 - 埋块石率(%))　　(2-23)

1 块石实体方 = 1.67 码方。因埋块石增加的人工见表 2-12。

(3)当工程采用的水泥强度等级与配合比表中不同时,应对配合比表中的水泥用量进行调整,见表 2-13。

表 2-11   碎石或中细砂配合比换算系数

项目	水泥	砂	石子	水
卵石换为碎石	1.10	1.10	1.06	1.10
粗砂换为中砂	1.07	0.98	0.98	1.07
粗砂换为细砂	1.10	0.96	0.97	1.10
粗砂换为特细砂	1.16	0.90	0.95	1.16

注:(1)水泥按质计,砂、石子、水按体积计;

(2)若实际采用碎石及中细砂,则总的换算系数应为各单项换算系数的乘积。

表 2-12   埋块石混凝土人工工时增加量

埋块石率(%)	5	10	15	20
每 100 m³ 埋块石混凝土增加人工工时	24.0	32.0	42.4	56.8

注:不包括块石运输及影响浇筑的工时。

表 2-13   水泥强度等级换算系数参考表

原水泥强度等级	代换水泥强度等级		
	32.5	42.5	52.5
32.5	1.00	0.85	0.76
42.5	1.16	1.00	0.88
52.5	1.31	1.13	1.00

(4)除碾压混凝土材料配合比表外,混凝土配合比表中各材料的预算量包括场内运输及操作损耗,不包括搅拌后(熟料)的运输和浇筑损耗,搅拌后的运输和浇筑损耗已根据不同浇筑部位计入定额内。

(5)水泥用量按机械拌和拟定,若人工拌和,则水泥用量需增加 5%。

4. 计算掺粉煤灰混凝土材料用量

现行概算定额附录中掺粉煤灰混凝土配合比的材料用量,是按照超量取代法(也称超量系数法)计算的,即按照与纯混凝土同稠度、等强度的原则,用超量取代法对纯混凝土中的材料量进行调整,调整系数称作粉煤灰超量系数。按下列步骤计算:

(1)掺粉煤灰混凝土的水泥用量:

$$C = C_0 \times (1 - f) \tag{2-24}$$

式中,C 为掺粉煤灰混凝土的水泥用量,kg;C_0 为与掺粉煤灰混凝土同稠度、等强度的纯混凝土水泥用量,kg;f 为粉煤灰取代水泥百分率,等于取代水泥量与纯混凝土水泥用量 C_0 之比 $\times 100\%$,即 $f = [(C_0 - C) \div C_0] \times 100\%$。

(2)粉煤灰的掺量:

$$F = K \times (C_0 - C) \tag{2-25}$$

式中,F 为粉煤灰掺量,kg;K 为粉煤灰取代(超量)系数,为粉煤灰的掺量与取代水泥节约量的比值。

(3)砂、石用量。

采用超量取代法计算的掺粉煤灰混凝土的灰重(水泥和粉煤灰总重)较纯混凝土的灰重大,增加的灰重为:

$$\Delta C = C + F - C_0 \tag{2-26}$$

式中,ΔC 为增加的灰重,kg。

按与纯混凝土容重相等原则,砂、石总量应相应减少 ΔC。按含砂率相等的原则计算,则掺粉煤灰混凝土砂、石重为:

$$S \approx S_0 - \Delta C \times S_0 / (S_0 + G_0) \tag{2-27}$$
$$G \approx G_0 - \Delta C \times G_0 / (S_0 + G_0) \tag{2-28}$$

式中,S 为掺粉煤灰混凝土砂重,kg;S_0 为纯混凝土砂重,kg;G_0 为纯混凝土石重,kg;G 为掺粉煤灰混凝土石重,kg。

由于增加的灰重 ΔC 主要是代替细骨料砂填充粗骨料石的空隙,故简化计算时也可将增加的灰重 ΔC 全部从砂重中核减,石重不变。

(4)用水量:

$$掺粉煤灰混凝土用水量 \, W = 纯混凝土用水量 \, W_0 (\mathrm{m}^3) \tag{2-29}$$

(5)外加剂用量。

外加剂用量 r 可按水泥用量 C 的 $0.2\% \sim 0.3\%$ 计算,概算定额按 0.2% 计算,即

$$r = C \times 0.2\% \tag{2-30}$$

根据上述公式,可计算不同的超量系数及不同的粉煤灰取代水泥百分率时掺粉煤灰混凝土的材料用量。

5.计算混凝土材料单价

混凝土材料单价计算公式为:

$$混凝土材料单价 = \sum (某材料用量 \times 某材料预算价格) \tag{2-31}$$

在混凝土组成材料中,若外购骨料的预算价格超过限价 70 元/m³,混凝土材料单价中的骨料按 70 元/m³ 计算,超出部分的价差应计算税金后列入混凝土工程单价的税金之后。

2.2.5.3 砂浆材料单价的计算

砂浆材料单价的计算和混凝土材料单价的计算大致相同,应根据工程试验提供的资料确定砂浆的各组成材料及相应的用量,进而计算出砂浆材料单价。若无试验资料,可参照定额附录砂浆材料配合比表中各组成材料预算量,进而计算出砂浆材料的单价。

砂浆材料单价计算公式为:

$$砂浆材料单价 = \sum (某材料用量 \times 某材料预算价格) \tag{2-32}$$

混凝土、砂浆材料的单价是为建筑工程的单价计算服务的,根据工程量清单中的项目名称所包含的混凝土标号、级配计算所需的混凝土、砂浆材料的单价。

本工程的混凝土、砂浆材料的单价计算成果见表 2-14。

合同编号:HND - B066C - 1 - 01
工程名称:湖南省茶陵县洮水水库工程

表 2-14 投标人生产混凝土配合比材料费

序号	类别	混凝土强度等级	水泥强度等级	级配	水灰比	预算量						单价 (元/m³)
						水泥 (kg)	砂 (m³)	石子 (m³)	水 (m³)	掺和料 (kg)	外加剂 (kg)	
1	纯混凝土 C25 水泥强度 32.5 二级配	C25	32.5	2	0.50	310.00	0.47	0.81	0.15			110.72
2	砌筑 水泥砂浆 M7.5					0.25	1.02		0.22			88.07
3	纯混凝土 C20 水泥强度 32.5 二级配	C20	32.5	2	0.55	289.00	0.49	0.81	0.15			105.85
4	纯混凝土 C15 水泥强度 32.5 三级配	C15	32.5	3	0.65	201.00	0.42	0.96	0.13			85.52
5	纯混凝土 C20 水泥强度 32.5 三级配	C20	32.5	3	0.55	238.00	0.40	0.96	0.13			94.47
6	纯混凝土 C15 水泥强度 32.5 二级配	C15	32.5	2	0.65	242.00	0.52	0.81	0.15			94.57
7	纯混凝土 C25 水泥强度 32.5 二级配	C25	32.5	2	0.50	310.00	0.47	0.81	0.15			110.72

2.2.6 编制工程单价费(税)率汇总表

工程单价费(税)率包括施工管理费率、企业利润率和税率。

施工管理费、企业利润应根据工程实际情况和本企业管理能力、技术水平确定,并将其费率和利润率控制在编制规定数值范围内。施工管理费率不超过编制规定中同类工程的其他直接费、间接费费率之和;企业利润率不超过编制规定中规定的7%。

税率按国家税法规定计取,营改增后,税率标准一般为11%,自采砂石料税率为3%。

本工程的工程单价费(税)率汇总见表2-15。

表2-15 工程单价费(税)率汇总表

合同编号:HND-B066C-1-01

工程名称:湖南省茶陵县洮水水库工程

序号	工程类别	工程单价费(税)率(%)			备注
		施工管理费	企业利润	税金	
一	建筑工程				
1	土方工程	16	7	11	
2	石方工程	20	7	11	
3	砂石备料工程(自采)	5.5	7	3	
4	模板工程	17	7	11	
5	混凝土浇筑工程	17	7	11	
6	钢筋制安工程	13	7	11	
7	钻孔灌浆工程	18	7	11	
8	锚固工程	18	7	11	
9	疏浚工程	14.75	7	11	
10	掘进机施工隧洞工程(1)	11.5	7	11	
11	掘进机施工隧洞工程(2)	13.75	7	11	
12	其他工程	18	7	11	
二	安装工程				
1	机电、金属结构设备安装工程	83.2	7	11	

2.3 编制工程单价

工程单价分为建筑工程单价和安装工程单价,按规定凡工程单项费用大于工程投资金额0.5‰的工程项目,均需编制工程单价计算表。

2.3.1　编制原则

(1)编制工程单价表时,应严格执行工程量清单计价规范,参照《水利工程设计概(估)算编制规定》,并编制相符合的编制说明。

(2)正确选用现行定额。要根据工程特点和相关规定正确选用现行定额。若为现行定额中没有的工程项目,可编制补充定额;对于非水利水电专业的工程,可按照专业专用的原则,执行相关专业部厅颁发的相应定额;现行定额中虽有类似定额,但其技术条件有较大差异时,应编制补充定额。

(3)正确套用定额子目。熟读定额的总说明、章节说明、定额表附注及附录的内容,熟悉各定额子目的适用范围、工作内容及有关定额系数的使用方法,根据合理的施工组织设计确定的施工方案和有关技术条件(如石方开挖工程的岩石级别、断面尺寸、开挖与出渣方式等),选用相应的定额子目。

2.3.2　编制步骤

(1)了解工程概况,熟悉设计文件与设计图纸,收集基础资料(如定额、编规、营改增文件)。

(2)根据工程特征和施工组织设计确定的施工条件、施工方法及采用的机械设备情况,正确选用定额子目。

(3)根据定额消耗量、工程类别取费标准及本工程的基础单价,按计算方法与程序计算建筑工程单价。

2.3.3　计算程序

清单计价规范中规定的建筑工程单价计算程序如表2-16所示,安装工程单价计算程序如表2-17所示。

表2-16　建筑工程单价计算程序

序号	项目名称	计算方法
1	直接费	1.1 + 1.2 + 1.3
1.1	人工费	∑定额劳动量(工时)×人工预算单价(元/工时)
1.2	材料费	∑定额材料用量×材料预算价格
1.3	施工机械使用费	∑定额机械使用量(台时)×施工机械台时费(元/台时)
2	施工管理费	1×施工管理费率
3	企业利润	(1+2)×企业利润率
4	税金	(1+2+3)×税率
5	合计	1+2+3+4
6	单价	合计/定额单位

表 2-17　安装工程单价计算程序

序号	项目名称	计算方法
1	直接费	1.1 + 1.2 + 1.3
1.1	人工费	∑定额劳动量(工时)×人工预算单价(元/工时)
1.2	材料费	∑定额材料用量×材料预算价格
1.3	施工机械使用费	∑定额机械使用量(台时)×施工机械台时费(元/台时)
2	施工管理费	1.1×施工管理费率
3	企业利润	(1+2)×企业利润率
4	税金	(1+2+3)×税率
5	合计	1+2+3+4
6	单价	合计/定额单位

2.3.4　编制方法

工程单价计算表的编制一般采用列表法,编制工程单价有规定的表格格式,如表 2-18 所示。

表 2-18　工程单价计算表

_____ 工程

单价编号:　　　　　　　　　　　　　　　　　　　　　　定额单位:

施工方法:

序号	项目名称	型号规格	计量单位	数量	单价(元)	合价(元)

按下列方法编制工程单价计算表:

(1)将单价编号、项目名称、定额单位、施工方法等分别填入表中相应栏内。其中:单价编号为工程量清单中的单价对应的序号;项目名称为工程量清单中的项目名称或者根据情况稍做修改;定额单位为定额中标示的定额数量单位;施工方法为根据施工方案确定的合适的施工方法。

(2)将定额中查出的人工、材料、机械台时消耗量填入表中的数量栏中。

(3)将相应的人工预算单价、材料预算价格和机械台时费等基础单价以链接方式填入表中的单价栏中。

(4)按"消耗量×单价"得出相应的人工费、材料费和机械使用费,分别填入相应合计栏中,相加得出直接费。

（5）根据规定的费率标准，计算施工管理费、企业利润、材料补差、税金，汇总求得工程单价合计，从而得到单价。

以下为工程单价计算表的举例，分别为建筑工程单价计算（见表2-19）、安装工程单价计算表（见表2-20）。

表2-19　建筑工程单价计算表

土方开挖（运距1.8 km）工程

单价编号：　　　　　　　　　　　　　　　　　　　　　　　　定额单位：100 m³

施工方法：2 m³挖掘机挖装土自卸汽车运输　运距1.8 km　自卸汽车　15 t

序号	名称	型号规格	单位	数量	单价（元）	合计（元）
1	直接费		元			870.37
1.1	人工费		元			28.73
	初级工		工时	4.69	6.13	28.73
1.2	材料费		元			33.48
	零星材料费		%	4.00	836.90	33.48
1.3	机械费		元			808.17
	单斗挖掘机　液压2 m³		台时	0.70	214.69	149.77
	推土机　59 kW		台时	0.35	68.09	23.75
	自卸汽车　15 t		台时	5.53	114.75	634.65
2	施工管理费		%	16.00	870.37	139.26
3	企业利润		%	7.00	1 009.63	70.67
4	材料价差		元			96.82
	柴油		kg	89.47	1.08	96.82
5	税金		%	11.00	1 177.12	129.48
	合计					1 306.61

投标人：×××公司

（盖单位章）

法定代表人或委托代理人：＿＿＿（签名）

注册水利工程造价工程师：＿＿＿（签名）

日　　期：　20××年××月××日

表2-20　安装工程单价计算表
平板闸门门叶(7 t/扇)工程

单价编号：　　　　　　　　　　　　　　　　　　　　　　　　定额单位:t

型号规格:平板焊接闸门　每扇闸门自重≤10 t

序号	名称	型号规格	单位	数量	单价(元)	合计(元)
1	直接费		元			1 213.42
1.1	人工费		元			843.65
	工长		工时	5.00	11.55	57.75
	高级工		工时	24.00	10.67	256.08
	中级工		工时	43.00	8.9	382.70
	初级工		工时	24.00	6.13	147.12
1.2	材料费		元			108.91
	钢板(综合)		kg	2.90	3.57	10.35
	汽油　70#		kg	2.00	3.08	6.15
	黄油		kg	0.20	8.50	1.70
	乙炔气		m³	0.80	24.15	19.32
	氧气		m³	1.80	2.94	5.29
	电焊条		kg	3.90	7.51	29.29
	棉纱头		kg	0.80	2.00	1.60
	油漆		kg	2.00	10.50	21.00
	其他材料费		%	15.00	94.70	14.21
1.3	机械费		元			260.86
	门座式起重机　10~30 t 高架10~30 t		台时	0.80	245.30	196.24
	电焊机　交流　25 kVA		台时	2.70	15.15	40.91
	其他机械费		%	10.00	237.15	23.71
2	施工管理费		%	83.20	843.65	701.92
3	企业利润		%	7.00	1 915.34	134.07
4	材料价差		元			2.96
	汽油　70#		kg	2.00	1.48	2.96
5	税金		%	11.00	2 052.37	225.76
	合计					2 278.13

投标人：×××　公司

（盖单位章）

法定代表人或委托代理人：　　　（签名）

注册水利工程造价工程师：　　　（签名）

日　　　期：　20××　年××　月××　日

任务 2.4　编制各部分清单计价表

编制分类分项工程量清单、措施项目清单、其他项目清单、零星工作项目等四部分计价表(含总价项目分类分项工程分解表)。

根据招标文件提供的工程量清单和所计算出来的工程单价,分别编制出分类分项工程量清单计价表、措施项目清单计价表、其他项目清单计价表、零星工作项目清单计价表。

编制的分类分项工程量清单计价表见表 2-21、表 2-22。

表 2-21　分类分项工程量清单计价表

合同编号:HND－B066C－1－01

工程名称:湖南省茶陵县洮水水库工程

序号	项目编码	项目名称	计量单位	工程数量	单价(元)	合价(元)	主要技术条款编码
I		建筑工程				177 600 487.38	
一		挡水工程				96 347 218.02	
(一)		土石方开挖工程				15 654 091.70	
	500101002001	土方开挖(运距 1.8 km)	m³	131 570	13.07	1 719 619.90	第 1 章
	500102001001	石方开挖(运距 1.8 km)	m³	60 747	43.15	2 621 233.05	
	500102001002	趾板石方开挖(运距 1.8 km)	m³	106 672	42.50	4 533 560.00	
	500102001003	趾板石方开挖(运距 0.8 km)	m³	79 000	39.69	3 135 510.00	第 2 章
	500102001004	趾板石方开挖(沟槽石方运距 0.3 km)	m³	60 625	60.11	3 644 168.75	
(二)		坝体填筑工程				54 237 161.96	
	500103008001	垫层区填筑	m³	22 861	45.45	1 039 032.45	
	500103008002	过渡区填筑(利用料)	m³	20 783	17.64	366 612.12	
	500103008003	过渡区填筑(块石料场)	m³	89 737	40.08	3 596 658.96	
	500103008004	盖重区填筑	m³	37 408	3.78	141 402.24	
	500103007001	黏土填筑	m³	20 693	22.40	463 523.20	
	500103008005	特殊垫层区填筑	m³	7 140	47.72	340 720.80	
	500103008006	主堆石区填筑(块石料场备料)	m³	100 000	43.30	4 330 000.00	
	500103008007	主堆石区填筑(块石料场)	m³	722 477	33.25	24 022 360.25	
	500103007002	次堆石区填筑(砂砾料场)	m³	333 797	25.04	8 358 276.88	
	500103008008	次堆石区填筑(块石料场)	m³	112 857	33.25	3 752 495.25	
	500103008009	开挖料区填筑(利用料)	m³	106 149	16.31	1 731 290.19	
	500103008010	开挖料区填筑(块石料场)	m³	102 388	33.25	3 404 401.00	

续表 2-21

序号	项目编码	项目名称	计量单位	工程数量	单价（元）	合价（元）	主要技术条款编码
	500103010001	抛填堆石	m³	19 585	36.26	710 152.10	
	500105001001	干砌石护坡	m³	14 306	138.42	1 980 236.52	第3章
（三）		混凝土工程				19 043 065.76	
	500109001001	挤压式边墙混凝土 C15	m³	5 672	288.37	1 635 634.64	
	500109001002	面板混凝土 C25	m³	13 165	314.69	4 142 893.85	第4章
	500110002001	面板滑模	m²	32 912	81.59	2 685 290.08	
	500109001003	趾板混凝土 C25	m³	2 881	326.98	942 029.38	
	500110001001	模板	m²	1 873	55.35	103 670.55	第5章
	500109001004	防浪墙混凝土 C15	m³	3 756	273.68	1 027 942.08	
	500110001002	模板	m²	13 146	55.35	727 631.10	
	500111001001	钢筋制安	t	1 061	5 799.74	6 153 524.14	第4章
	500109009001	沥青杉板	m²	465	144.16	67 034.40	
	500109008001	铜片止水	m	3 692	399.05	1 473 292.60	
	500109008002	PVC止水带	m	3 882	21.67	84 122.94	
（四）		基础处理工程				7 412 898.60	
	500106002001	锚杆 Φ28,L=5m	根	1 624	226.69	368 144.56	
	500107003001	固结灌浆钻孔	m	8 309	163.16	1 355 696.44	第7章
	500107003002	帷幕灌浆钻孔	m	10 755	165.58	1 780 812.90	
	500107006001	固结灌浆	m	4 759	148.86	708 424.74	
	500107005001	帷幕灌浆	m	7 205	229.22	1 651 530.10	第7章
	500109001005	混凝土回填 C20	m³	877	271.80	238 368.60	
	500109001006	混凝土截渗墙 C20	m³	378	307.12	116 091.36	
	500110001003	模板	m²	185.2	55.35	10 250.82	
	500109009001	沥青杉板	m²	215	144.16	30 994.40	
	500109008001	铜片止水	m	2 748	399.05	1 096 589.40	
	500109008002	PVC止水带	m	2 584	21.67	55 995.28	
二		溢洪道工程				32 304 195.00	
（一）		一级溢洪道				16 706 116.67	
1		进水段				753 736.65	
	500101002002	土方开挖(运距0.9 km)	m³	1 434	10.15	14 555.10	
	500102001005	石方开挖(运距2.3 km)	m³	3 347	46.39	155 267.33	
	500105003001	浆砌石	m³	276	219.02	60 449.52	
	500109001007	底板混凝土 C15	m³	1 664	255.33	424 869.12	

续表 2-21

序号	项目编码	项目名称	计量单位	工程数量	单价（元）	合价（元）	主要技术条款编码
	500111001002	钢筋制安	t	17	5 799.74	98 595.58	
2		控制段				6 125 212.48	
	500101002003	土方开挖	m³	13 838	10.15	140 455.70	
	500102001006	石方开挖	m³	32 289	46.39	1 497 886.71	
	500103009001	石渣回填	m³	2 668	17.24	45 996.32	
	500109001008	底板混凝土　C15	m³	3 317	255.33	846 929.61	
	500110001005	模板	m²	995	55.35	55 073.25	
	500109001009	溢洪道混凝土　C20	m³	5 178	313.36	1 622 578.08	
	500110001006	模板	m²	3 884	55.35	214 979.40	
	500109001010	堰面混凝土　C50HF	m³	403	521.10	210 003.30	
	500110001007	模板	m²	101	55.35	5 590.35	
	500111001003	钢筋制安	t	213	5 799.74	1 235 344.62	
	500106002002	锚杆　$\Phi25, L=2$ m	根	624	67.50	42 120.00	
	500107006002	固结灌浆	m	1 399	148.86	208 255.14	
3		泄槽段				7 370 550.35	
	500101002004	土方开挖	m³	36 729	10.15	372 799.35	
	500102001007	石方开挖	m³	85 701	46.39	3 975 669.39	
	500103009002	石渣回填	m³	1 524	17.24	26 273.76	
	500109001011	泄槽混凝土　C15	m³	6 117	255.33	1 561 853.61	
	500110001008	模板	m²	1 835	55.35	101 567.25	
	500109001012	堰面混凝土　C50HF	m³	1613	521.10	840 534.30	
	500110001009	模板	m²	403	55.35	22 306.05	
	500111001004	钢筋制安	t	61	5 799.74	353 784.14	
	500106002003	锚杆　$\Phi25, L=2$ m	根	1 715	67.50	115 762.50	
4		消能段				2 456 617.19	
	500101002005	土方开挖	m³	19 204	10.15	194 920.60	
	500102001008	石方开挖	m³	44 810	46.39	2 078 735.90	
	500103009003	石渣回填	m³	3 430	17.24	59 133.20	
	500109001013	底坎混凝土　C20	m³	95	313.36	29 769.20	
	500110001010	模板	m²	119	55.35	6 586.65	
	500111001005	钢筋制安	t	2	5 799.74	11 599.48	

续表 2-21

序号	项目编码	项目名称	计量单位	工程数量	单价（元）	合价（元）	主要技术条款编码
	500107006003	固结灌浆	m	156	148.86	23 222.16	
	500106002004	锚杆 Φ25,L=2 m	根	780	67.50	52 650.00	
（二）		二级溢洪道				10 394 076.23	
（三）		三级溢洪道				5 204 002.10	
三		引水发电放空洞工程				29 807 359.67	
（一）		进水口				13 981 305.43	
	500101002012	土方开挖（运距1.7 km）	m³	22 095	10.72	236 858.40	
	500102001015	石方开挖（运距1.7 km）	m³	51 555	183.22	9 445 907.10	
	500102009001	竖井石方开挖	m³	2 772	121.97	338 100.84	
	500109001022	竖井混凝土衬砌 C20	m³	2 240	321.90	721 056.00	
	500110001019	竖井滑模	m²	3 248	115.92	376 508.16	
	500109001023	进水口混凝土 C20	m³	2 445	300.44	734 575.80	
	500110001020	模板	m²	1 223	55.35	67 693.05	
	500106011001	喷混凝土（$\zeta=10$ cm）	m³	696	589.76	410 472.96	
	500111001011	钢筋制安	t	188	5 799.74	1 090 351.12	
	500106002008	锚杆 Φ25,L=3.5 m	根	150	175.55	26 332.50	
	500106002009	锚杆 Φ25,L=7 m	根	510	222.45	113 449.50	
	500114001001	进水口连通桥	m	70	6 000.00	420 000.00	
（二）		隧洞工程				14 221 402.80	
	500102010001	石方洞挖	m³	36 340	122.99	4 469 456.60	
	500109001025	隧洞衬砌混凝土 C20	m³	10 179	366.41	3 729 687.39	
	500106002010	锚杆 Φ25,L=3.5 m	根	500	175.55	87 775.00	
	500107007001	回填灌浆	m²	1 567	70.19	109 987.73	
	500107006001	固结灌浆钻孔	m	1 617	163.16	263 829.72	
	500107006004	固结灌浆	m	1 617	148.86	240 706.62	
	500111001012	钢筋制安	t	611	5 799.74	3 543 641.14	
	500110001021	模板	m²	22 785	77.96	1 776 318.60	
（三）		消力池段				1 604 651.44	
	500101002003	土方开挖（运距1.7 km）	m³	5 886	10.72	63 097.92	第6章
	500102001016	石方开挖（运距0.5 km）	m³	17 432	20.74	361 539.68	第7章
	500109001026	消力池混凝土 C20	m³	1 459	298.55	435 584.45	第14章
	500110001022	模板	m²	511	55.35	28 283.85	第14章

续表 2-21

序号	项目编码	项目名称	计量单位	工程数量	单价（元）	合价（元）	主要技术条款编码
	500106002011	锚杆 $\Phi25,L=5$ m	根	108	196.04	21 172.32	第 9 章
	500106011001	喷混凝土（$\zeta=10$ cm）	m³	162	638.27	103 399.74	第 9 章
	500111001013	钢筋制安	t	102	5 799.74	591 573.48	第 20 章
四		发电厂工程				16 806 709.16	
	500101002003	土方开挖（运距 1.7 km）	m³	3 175	10.72	34 036.00	
	500102001017	石方开挖（运距 0.2 km）	m³	7 818	42.81	334 688.58	
	500102001018	石方开挖（运距 2 km）	m³	2 972	45.63	135 612.36	
	500102001019	石方开挖（运距 1.7 km）	m³	1 908	183.22	349 583.76	
	500103009001	石渣回填（利用料）	m³	10 241	3.54	36 253.14	
	500109001027	厂房上部混凝土 C20（二级配）	m³	1 223	306.70	375 094.10	
	500109001028	厂房上部混凝土 C25（二级配）	m³	179	320.03	57 285.37	
	500109001029	厂房下部混凝土 C15（三级配）	m³	1 066	235.60	251 149.60	
	500109001030	厂房下部混凝土 C20（三级配）	m³	12 349	249.69	3 083 421.81	
	500109001031	尾水导墙及下游重力挡墙 C15	m³	5 512	293.73	1 619 039.76	
	500109001032	尾水导墙混凝土 C20	m³	531	304.07	161 461.17	
	500109001033	压力钢管外包混凝土 C15	m³	4 521	266.89	1 206 609.69	
	500109001034	混凝土回填 C15	m³	3 000	281.57	844 710.00	
	500106011001	喷混凝土 C20	m³	224	589.76	132 106.24	
	500111001014	钢筋制安	t	727	5 799.74	4 216 410.98	
	500110001023	平面模板	m²	22 335	132.84	2 966 981.40	
	500110001024	曲面模板	m²	2 030	137.45	279 023.50	
	500110001025	牛腿模板	m²	127	427.10	54 241.70	
	500114001002	雁型屋顶	m²	1 115	600.00	669 000.00	
五		开关站工程				737 005.53	
	500101002003	土方开挖（运距 1.7 km）	m³	459	10.72	4 920.48	
	500102001020	石方开挖（运距 0.2 km）	m³	1 468	42.81	62 845.08	
	500102001021	石方开挖（运距 1.7 km）	m³	367	44.78	16 434.26	
	500103009001	石渣回填（利用料）	m³	23 639	17.24	407 536.36	
	500109001036	预制混凝土构架 C40	m³	150	471.56	70 734.00	
	500109001037	基础混凝土 C15	m³	300	266.89	80 067.00	
	500110001026	模板	m²	135	55.35	7 472.25	
	500111001015	钢筋制安	t	15	5 799.74	86 996.10	
六		其他工程				1 598 000.00	
		内外部观测工程	元	1 598 000	1.00	1 598 000.00	
		合计				177 600 487.4	

水利工程工程量清单计价

表2-22　分类分项工程量清单计价表

合同编号：HND-B066C-1-01
工程名称：湖南省茶陵县洮水水库工程

序号	项目编码	项目名称	计量单位	工程数量	单价(元) 设备费	单价(元) 安装费	合价(元) 合计	合价(元) 设备费	合价(元) 安装费	主要技术条款编码
Ⅱ		机电设备及安装工程						59 357 900.00	11 997 511.52	
一		发电设备及安装工程						45 269 700.00	10 650 440.05	
(一)		水轮机设备及安装						11 425 500.00	1 121 769.54	
	500201001001	水轮机　HLD75-LJ-200	台	3	2 800 000.00	306 709.08	3 106 709.08	8 400 000.00	920 127.24	
	500201004001	调速器	台	3	300 000.00	48 100.25	348 100.25	900 000.00	144 300.75	
	500201034001	自动化元件	套	3	500 000.00		500 000.00	1 500 000.00		
	500201004002	透平油	t	27	6 500.00		6 500.00	175 500.00		
	500201004003	油压装置	套	3	150 000.00	19 113.85	169 113.85	450 000.00	57 341.55	
(二)		发电机设备及安装						20 280 000.00	1 776 471.27	
	500201005001	发电机　SF23-18/3900	台	3	6 760 000.00	592 157.09	7 352 157.09	20 280 000.00	1 776 471.27	
(三)		起重设备及安装						1 500 000.00	124 156.79	
(四)		主闸设备及安装						3 600 000.00	181 788.42	
(五)		水力机械辅助机及安装						846 700.00	1 455 029.14	

· 96 ·

续表 2-22

序号	项目编码	项目名称	计量单位	工程数量	单价(元)			合价(元)		主要技术条款编码
					设备费	安装费	合计	设备费	安装费	
(六)		电气设备及安装工程						7 617 500.00	5 991 224.89	
二		升压变电站设备及安装工程						5 081 000.00	318 845.57	
三		公用设备及安装工程						9 007 200.00	1 028 225.90	
Ⅲ		金属结构设备及安装工程						10 092 500.00	4 905 032.77	
一		泄洪工程						5 682 500.00	928 018.40	
(一)		溢洪道闸门及设备安装						3 523 000.00	303 121.01	
1		闸门设备及安装						1 023 000.00	231 668.47	
	500202005004	弧门门叶	t	96	10 000.00	2 107.82	12 107.82	960 000.00	202 350.72	
	500202005005	埋件	t	7	9 000.00	4 188.25	13 188.25	63 000.00	29 317.75	
2		启闭机设备及安装						2 500 000.00	71 452.54	
	500202003001	液压启闭机	台	2	1 250 000.00	35 726.27	1 285 726.27	2 500 000.00	71 452.54	
(二)		检修门设备及安装						1 559 500.00	461 727.19	
二		发电厂工程						4 410 000.00	3 977 014.37	
		合计						69 450 400	16 902 544.29	

编制的措施项目清单计价表见表2-23。

表2-23 措施项目清单计价表

合同编号：

工程名称：

序号	项目名称	金额(元)	备注
1	一般项目	8 490 000	总价包干
1.1	进退场费	100 000	总价包干
1.1.1	进场费	50 000	
1.1.2	退场费	50 000	
1.2	临时设施	8 040 000	总价包干
1.2.1	施工交通	600 000	
1.2.2	施工供电	150 000	
1.2.3	施工供风	100 000	
1.2.4	施工供水	80 000	
1.2.5	施工照明	50 000	
1.2.6	施工通信	100 000	
1.2.7	施工机械修配和加工厂	200 000	
1.2.8	仓库及堆料场	100 000	
1.2.9	临时房屋建筑和公用设施	300 000	
1.2.10	营地综合管理费	100 000	
1.2.11	砂石加工系统	100 000	
1.2.11.1	系统设计费	30 000	
1.2.11.2	建安工程	50 000	
1.2.11.3	系统拆除工程	20 000	
1.2.12	混凝土拌和系统	110 000	
1.2.12.1	系统设计费	30 000	
1.2.12.2	建安工程	50 000	
1.2.12.3	系统拆除工程	20 000	

续表 2-23

序号	项目名称	金额(元)	备注
1.2.12.4	混凝土试生产	10 000	
1.2.13	临时交通桥	50 000	
1.2.14	其他临时工程	6 000 000	
1.3	施工防洪度汛	50 000	总价包干
1.4	渣场维护、管理	50 000	总价包干
1.5	施工期稳定监测	50 000	总价包干
1.6	边坡监测协调配合费	50 000	总价包干
1.7	帷幕灌浆试验	50 000	总价包干
1.8	水保、环保、安全文明施工措施费	100 000	总价包干
1.8.1	专项安全措施费	50 000	总价包干
1.8.2	水土保持、环境保护措施费	50 000	总价包干
2	安全施工措施费	500 000	总价包干
3	冬季施工措施费	500 000	总价包干
4	保险	1 000 000	总价包干
4.1	承包人的第三者责任险	250 000	总价包干
4.2	施工设备、材料保险费	500 000	总价包干
4.3	人身意外伤害保险费	250 000	总价包干
5	芯样试验	500 000	总价包干
6	其他措施费用	500 000	总价包干
7	导流工程	7 043 533.17	总价包干
7.1	导流洞工程	4 662 859.03	
7.2	围堰工程	2 380 674.14	
	合计	18 533 533.17	

编制的其他项目清单计价表见表2-24。

表2-24 其他项目清单计价表

合同编号：

工程名称：

序号	项目名称	金额(元)	备注
一	暂定金额	16 661 100	
二	暂估价	10 506 469.64	
(一)	交通工程	4 820 000	
1	右岸上坝公路	1 120 000	
2	左岸厂内公路	300 000	
3	工程区内交通及联系桥	3 000 000	
4	坳下滩大桥加固	400 000	
(二)	房屋建筑工程	3 926 444.77	
1	办公用房	432 000	
2	防汛仓库	200 000	
3	值班宿舍及文化福利建筑	2 640 037.31	
4	室外工程	654 407.46	
(三)	其他建筑工程	1 760 024.87	
1	安全监测设施工程	1 760 024.87	
	合计	27 167 569.64	

投标人：×××公司

（盖单位章）

法定代表人或委托代理人：＿＿＿＿（签名）

注册水利工程造价工程师：＿＿＿＿（签名）

日　　期：＿2016＿年＿12＿月＿15＿日

任务 2.5　编制工程项目总价表

编制工程项目总价表,并根据投标策略调整材料预算价格、费(税)率。

根据计算出来的分类分项工程量清单计价表、措施项目清单计价表、其他项目清单计价表、零星工作项目清单计价表四部分小计,汇总计算出工程项目总价,再根据项目的上限值或拟定的工程总报价,根据投标策略调整材料预算价格、费(税)率来达到拟定的工程总报价。

编制的工程项目总价表见表 2-25。

表 2-25　工程项目总价表

合同编号:HND－B066C－1－01

工程名称:湖南省茶陵县洮水水库工程

序号	工程项目名称	金额(元)
一	分类分项工程	263 953 431.67
二	措施项目	18 533 533.17
三	其他项目	27 167 569.64
	合计	309 654 534.48

投标人:×××公司

(盖单位章)

法定代表人或委托代理人:_____ (签名)

注册水利工程造价工程师:_____ (签名)

日　　期:___2016__ 年 __12__ 月 __15__ 日

任务2.6 编写编制说明

根据招标文件的工程量清单说明、工程量清单报价说明,编写详细的投标报价编制说明,内容包括报价的编制原则、基础资料、取费标准等。

任务2.7 编制其他表格

根据工程量清单和计价格式,补充编制其他表格(投标总价、封面、工程单价汇总表等相关表格),并按装订顺序进行排序、汇总。

工程量清单计价格式样例如下:

2.7.1 工程量清单计价应采用统一格式,填写工程量清单报价表。

2.7.2 工程量清单报价表应由下列内容组成:

1 封面。

2 投标总价。

3 工程项目总价表。

4 分类分项工程量清单计价表。

5 措施项目清单计价表。

6 其他项目清单计价表。

7 零星工作项目清单计价表。

8 工程单价汇总表。

9 工程单价费(税)率汇总表。

10 投标人生产电、风、水、砂石基础单价汇总表。

11 投标人生产混凝土配合比材料费表。

12 招标人供应材料价格汇总表。

13 投标人自行采购主要材料预算价格汇总表。

14 招标人提供施工机械台时(班)费汇总表。

15 投标人自备施工机械台时(班)费汇总表。

16 总价项目分类分项工程分解表。

17 工程单价计算表。

2.7.3 工程量清单报价表的填写应符合下列规定:

1 工程量清单报价表的内容应由投标人填写。

2 投标人不得随意增加、删除或涂改招标人提供的工程量清单中的任何内容。

3 工程量清单报价表中所有要求盖章、签字的地方,必须由规定的单位和人员盖章、签字(其中法定代表人也可由其授权委托的代理人签字、盖章)。

4 投标总价应按工程项目总价表合计金额填写。

5 工程项目总价表填写。表中一级项目名称按招标人提供的招标项目工程量清单中的相应名称填写,并按分类分项工程量清单计价表中相应项目合计金额填写。

6　分类分项工程量清单计价表填写。

1)表中的序号、项目编码、项目名称、计量单位、工程数量、主要技术条款编码,按招标人提供的分类分项工程量清单中的相应内容填写。

2)表中列明的所有需要填写的单价和合价,投标人均应填写;未填写的单价和合价,视为此项费用已包含在工程量清单的其他单价和合价中。

7　措施项目清单计价表填写。表中的序号、项目名称,按招标人提供的措施项目清单中的相应内容填写,并填写相应措施项目的金额和合计金额。

8　其他项目清单计价表填写。表中的序号、项目名称、金额,按招标人提供的其他项目清单中的相应内容填写。

9　零星工作项目清单计价表填写。表中的序号及人工、材料、机械的名称、型号规格和计量单位,按招标人提供的零星工作项目清单中的相应内容填写,并填写相应项目单价。

10　辅助表格填写。

1)工程单价汇总表,按工程单价计算表中的相应内容、价格(费率)填写。

2)工程单价费(税)率汇总表,按工程单价计算表中的相应费(税)率填写。

3)投标人生产电、风、水、砂石基础单价汇总表,按基础单价分析计算成果的相应内容、价格填写,并附相应基础单价的分析计算书。

4)投标人生产混凝土配合比材料费表,按表中工程部位、混凝土和水泥强度等级、级配、水灰比、相应材料用量和单价填写,填写的单价必须与工程单价计算表中采用的相应混凝土材料单价一致。

5)招标人供应材料价格汇总表,按招标人供应的材料名称、型号规格、计量单位和供应价填写,并填写经分析计算后的相应材料预算价格,填写的预算价格必须与工程单价计算表中采用的相应材料预算价格一致。

6)投标人自行采购主要材料预算价格汇总表,按表中的序号、材料名称、型号规格、计量单位和预算价填写,填写的预算价必须与工程单价计算表中采用的相应材料预算价格一致。

7)招标人提供施工机械台时(班)费汇总表,按招标人提供的机械名称、型号规格和招标人收取的台时(班)折旧费填写;投标人填写的台时(班)费用合计金额必须与工程单价计算表中相应的施工机械台时(班)费单价一致。

8)投标人自备施工机械台时(班)费汇总表,按表中的序号、机械名称、型号规格、一类费用和二类费用填写,填写的台时(班)费合计金额必须与工程单价计算表中相应的施工机械台时(班)费单价一致。

9)工程单价计算表,按表中的施工方法、序号、名称、型号规格、计量单位、数量、单价、合价填写,填写的人工、材料和机械等基础价格,必须与基础材料单价汇总表、主要材料预算价格汇总表及施工机械台时(班)费汇总表中的单价相一致;填写的施工管理费、企业利润和税金等费(税)率必须与工程单价费(税)率汇总表中的费(税)率相一致。凡投标金额占投标总报价万分之五及以下的工程项目,投标人可不编报工程单价计算表。

2.7.4　总价项目不再分设分类分项工程项目。

附 录

附录 A 水利建筑工程工程量清单项目及计算规则

A.1 土方开挖工程

A.1.1 土方开挖工程。工程量清单的项目编码、项目名称、计量单位、工程量计算规则及主要工作内容,应按表 A.1.1 的规定执行。

表 A.1.1 土方开挖工程(编码 500101)

项目编码	项目名称	项目主要特征	计量单位	工程量计算规则	主要工作内容	一般适用范围
500101001 × × ×	场地平整	1. 土类分级 2. 土量平衡 3. 运距	m²	按招标设计图示场地平整面积计量	1. 测量放线标点 2. 清除植被及废弃物处理 3. 推挖填压找平 4. 弃土(取土)装、运、卸	挖(填)平均厚度在 0.5 m 以内
500101002 × × ×	一般土方开挖	1. 土类分级 2. 开挖厚度 3. 运距	m³	按招标设计图示轮廓尺寸计算的有效自然方体积计量	1. 测量放线标点 2. 处理渗水、积水 3. 支撑挡土板 4. 挖装运卸 5. 弃土场平整	除渠道、沟、槽、坑土方开挖以外的一般性土方明挖
500101003 × × ×	渠道土方开挖					底宽 > 3 m、长度 > 3 倍宽度的土方明挖
500101004 × × ×	沟、槽土方开挖	1. 土类分级 2. 断面形式及尺寸 3. 运距				底宽 ≤ 3 m、长度 > 3 倍宽度的土方明挖
500101005 × × ×	坑土方开挖					底宽 ≤ 3 m、长度 ≤ 3 倍宽度、深度大于等于上口短边或直径的土方明挖

续表 A.1.1

项目编码	项目名称	项目主要特征	计量单位	工程量计算规则	主要工作内容	一般适用范围
500101006××××	砂砾石开挖	1. 土类分级 2. 土石分界线 3. 开挖厚度 4. 运距	m³	按招标设计图示轮廓尺寸计算的有效自然方体积计量	1. 测量放线标点，校验土石分界线 2. 挖装运卸 3. 弃土场平整	岩层上部的风化砂土层或砂卵石层明挖
500101007×××	平洞土方开挖	1. 土类分级 2. 断面形式及尺寸 3. 洞（井）长度 4. 运距			1. 测量放线标点 2. 处理渗水、积水 3. 通风照明 4. 挖装运卸 5. 安全处理 6. 弃土场平整	水平夹角≤6°的土方洞挖
500101008×××	斜洞土方开挖					水平夹角6°～75°的土方洞挖
500101009×××	竖井土方开挖					水平夹角>75°、深度大于上口短边或直径的土方开挖
500101010×××	其他土方开挖工程					

注：表中项目编码以×××表示的十至十二位由编制人自001起顺序编码，如坝基覆盖层一般土方开挖为500101002001、溢洪道覆盖层一般土方开挖为500101002002、进水口覆盖层一般土方开挖为500101002003等，以此类推。表A.2.1至表A.14.1同。

A.1.2　其他相关问题应按下列规定处理：

1　土方开挖工程的土类分级，按表 A.1.2 确定。

2　土方开挖工程工程量清单项目的工程量计算规则。应按招标设计图示轮廓尺寸范围以内的有效自然方体积计量。施工过程中增加的超挖量和施工附加量所发生的费用，应摊入有效工程量的工程单价中。

3　夹有孤石的土方开挖，大于 0.7 m³ 的孤石按石方开挖计量。

4　土方开挖均包括弃土运输的工作内容，开挖与运输不在同一标段的工程，应分别选取开挖与运输的工作内容计量。

表 A.1.2　一般工程土类分级表

土质级别	土质名称	坚固系数 f	自然湿容重（ kN/m^3 ）	外形特征	鉴别方法
I	1. 砂土 2. 种植土	0.5 ~ 0.6	16.19 ~ 17.17	疏松，黏着力差或易透水，略有黏性	用锹或略加脚踩开挖
II	1. 壤土 2. 淤泥 3. 含壤种植土	0.6 ~ 0.8	17.17 ~ 18.15	开挖时能成块，并易打碎	用锹需用脚踩开挖
III	1. 黏土 2. 干燥黄土 3. 干淤泥 4. 含少量砾石黏土	0.8 ~ 1.0	17.66 ~ 19.13	粘手，看不见砂粒或干硬	用锹需用力加脚踩开挖
IV	1. 坚硬黏土 2. 砾质黏土 3. 含卵石黏土	1.0 ~ 1.5	18.64 ~ 20.60	土壤结构坚硬，将土分裂后成块状或含黏粒砾石较多	用镐、三齿耙撬挖

A.2　石方开挖工程

A.2.1　石方开挖工程。工程量清单的项目编码、项目名称、计量单位、工程量计算规则及主要工作内容，应按表 A.2.1 的规定执行。

表 A.2.1　石方开挖工程（编码 500102）

项目编码	项目名称	主要项目特征	计量单位	工程量计算规则	主要工作内容	一般适用范围
500102001 × × ×	一般石方开挖	1. 岩石级别 2. 钻爆特性 3. 运距	m^3	按招标设计图示轮廓尺寸计算的有效自然方体积计量	1. 测量放线标点 2. 钻孔、爆破 3. 安全处理 4. 解小、清理 5. 装、运、卸 6. 施工排水 7. 渣场平整	除坡面、渠道、沟、槽、坑和保护层石方开挖以外的一般性石方明挖
500102002 × × ×	坡面石方开挖					设计倾角 >20°、厚度≤5 m 的石方明挖
500102003 × × ×	渠道石方开挖	1. 岩石级别 2. 断面形式及尺寸 3. 钻爆特性 4. 运距				底宽 >7 m、长度 >3 倍宽度的石方明挖
500102004 × × ×	沟、槽石方开挖					底宽≤7 m、长度 >3 倍宽度的石方明挖
500102005 × × ×	坑石方开挖					底宽≤7 m、长度≤3 倍宽度、深度小于等于上口短边或直径的石方明挖
500102006 × × ×	保护层石方开挖	1. 岩石级别 2. 钻爆特性 3. 开挖尺寸 4. 运距				平面、坡面、立面的保护层石方明挖

续表 A.2.1

项目编码	项目名称	主要项目特征	计量单位	工程量计算规则	主要工作内容	一般适用范围
500102007×××	平洞石方开挖	1. 岩石级别及围岩类别 2. 地质及水文地质特性 3. 断面形式及尺寸 4. 钻爆特性 5. 运距	m³	按招标设计图示尺寸计算的有效自然方体积计量	1. 测量放线标点 2. 钻孔、爆破 3. 通风散烟照明 4. 安全处理 5. 解小、清理 6. 装、运、卸 7. 施工排水 8. 渣场平整	水平夹角≤6°的石方洞挖
500102008×××	斜洞石方开挖					水平夹角6°~75°的石方洞挖
500102009×××	竖井石方开挖					水平夹角>75°、深度大于上口短边或直径的石方开挖
500102010×××	洞室石方开挖					开挖横断面较大，且轴线长度与宽度之比小于10,如地下厂房、地下开关站、地下调压室等的石方开挖
500102011×××	窑洞石方开挖					
500102012×××	预裂爆破	1. 岩石级别 2. 钻爆特性 3. 钻孔角度	m²	按招标设计图示尺寸计算的面积计量	1. 测量放线标点 2. 钻孔、爆破 3. 清理	
500102013×××	其他石方开挖工程					

A.2.2　其他相关问题应按下列规定处理：

1　石方开挖工程的岩石级别,按表 A.2.2 确定。

2　石方开挖工程工程量清单项目的工程量计算规则。应按招标设计图示轮廓尺寸计算的有效自然方体积计量。施工过程中增加的超挖量和施工附加量所发生的费用,应摊入有效工程量的工程单价中。

3　石方开挖均包括弃渣运输的工作内容,开挖与运输不在同一标段的工程,应分别选取开挖与运输的工作内容计量。

表 A.2.2　岩石分级表

岩石级别	岩石名称	实体岩石自然湿度时的平均容重（kN/m³）	净钻时间（min/m）用直径 30 mm 合金钻头，凿岩机打眼（工作气压为 0.46 MPa）	极限抗压强度（MPa）	坚固系数 f
V	1. 砂藻土及软的白垩岩	14.72	≤3.5（淬火钻头）	≤19.61	1.5~2
	2. 硬的石炭纪黏土	19.13			
	3. 胶结不紧的砾岩	18.64~21.58			
	4. 各种不坚实的页岩	19.62			
VI	1. 软的有孔隙的节理多的石灰岩及贝壳石灰岩	21.58	4（3.5~4.5）（淬火钻头）	19.61~39.23	2~4
	2. 密实的白垩岩	25.51			
	3. 中等坚实的页岩	26.49			
	4. 中等坚实的泥灰岩	22.56			
VII	1. 水成岩卵石经石灰质胶结而成的砾岩	21.58	6（4.5~7）（淬火钻头）	39.23~58.84	4~6
	2. 风化的节理多的黏土质砂岩	21.58			
	3. 坚硬的泥质页岩	27.47			
	4. 坚实的泥灰岩	24.53			
VIII	1. 角砾状花岗岩	22.56	6.8（5.7~7.7）	58.84~78.46	6~8
	2. 泥灰质石灰岩	22.56			
	3. 黏土质砂岩	21.58			
	4. 云母页岩及砂质页岩	22.56			
	5. 硬石膏	28.45			
IX	1. 软的风化较甚的花岗岩、片麻岩及正长岩	24.53	8.5（7.8~9.2）	78.46~98.07	8~10
	2. 滑石岩的蛇纹岩	23.54			
	3. 密实的石灰岩	24.53			
	4. 水成岩卵石经硅质胶结的砾岩	24.53			
	5. 砂岩	24.53			
	6. 砂岩石灰质的页岩	24.53			
X	1. 白云岩	26.49	10（9.3~10.8）	98.07~117.68	10~12
	2. 坚实的石灰岩	26.49			
	3. 大理石	26.49			
	4. 石灰质胶结的质密的砂岩	25.51			
	5. 坚硬的砂质页岩	25.51			

续表 A.2.2

岩石级别	岩石名称	实体岩石自然湿度时的平均容重（kN/m³）	净钻时间(min/m) 用直径 30 mm 合金钻头,凿岩机打眼(工作气压为 0.46 MPa)	极限抗压强度（MPa）	坚固系数 f
XI	1. 粗粒花岗岩 2. 特别坚实的白云岩 3. 蛇纹岩 4. 火成岩卵石经石灰质胶结的砾岩 5. 石灰质胶结的坚实的砂岩 6. 粗粒正长岩	27.47 28.45 25.51 27.47 26.49 26.49	11.2 (10.9~11.5)	117.68~137.30	12~14
XII	1. 有风化痕迹的安山岩及玄武岩 2. 片麻岩、粗面岩 3. 特别坚实的石灰岩 4. 火成岩卵石经硅质胶结的砾岩	26.49 25.51 28.45 25.51	12.2 (11.6~13.3)	137.30~156.91	14~16
XIII	1. 中粒花岗岩 2. 坚实的片麻岩 3. 辉绿岩 4. 玢岩 5. 坚实的粗面岩 6. 中粒的玢岩	30.41 27.47 26.49 24.53 27.47 27.47	14.1 (13.1~14.8)	156.91~176.53	16~18
XIV	1. 特别坚实的细粒花岗岩 2. 花岗片麻岩 3. 闪长岩 4. 最坚实的石灰岩 5. 坚实的玢岩	32.37 28.45 28.45 30.41 26.49	15.5 (14.9~18.2)	176.53~196.14	18~20
XV	1. 安山岩、玄武岩、坚实的角闪岩 2. 最坚实的辉绿岩及闪长岩 3. 坚实的辉长岩及石英岩	30.41 28.45 27.47	20 (18.3~24)	196.14~245.18	20~25
XVI	1. 钙钠长石质橄榄石质玄武岩 2. 特别坚实的辉长岩、辉绿岩、石英岩及玢岩	32.37 29.43	>24	>245.18	>25

A.3   土石方填筑工程

A.3.1   土石方填筑工程。工程量清单的项目编码、项目名称、计量单位、工程量计算规则及主要工作内容,应按表 A.3.1 的规定执行。

表 A.3.1   土石方填筑工程(编码 500103)

项目编码	项目名称	主要项目特征	计量单位	工程量计算规则	主要工作内容	一般适用范围
500103001×××	一般土方填筑	1. 土质及含水量 2. 分层厚度及碾压遍数 3. 填筑体干密度、渗透系数 4. 运距	m³	按招标设计图示尺寸计算的填筑体有效压实方体积计量	1. 挖、装、运、卸 2. 分层铺料、平整、洒水、碾压	土坝、土堤填筑等
500103002×××	黏土料填筑					土石坝的防渗体与过渡层料之间的反滤料及滤水坝址反滤料填筑等
500103003×××	人工掺和料填筑					
500103004×××	防渗风化料填筑					
500103005×××	反滤料填筑	1. 颗粒级配 2. 分层厚度及碾压遍数 3. 填筑体相对密度 4. 运距				土石坝的防渗体与过渡层料之间的反滤料及滤水坝址反滤料填筑等
500103006×××	过渡层料填筑					土石坝的反滤料与坝壳之间的过渡层料填筑
500103007×××	垫层料填筑					面板坝的面板与坝壳之间的垫层料填筑
500103008×××	堆石料填筑	1. 颗粒级配 2. 分层厚度及碾压遍数 3. 填筑料相对密度 4. 运距		按招标设计图示尺寸计算的填筑体有效压实方体积计量	1. 确定填筑参数 2. 挖、装、运、卸 3. 分层铺料、平整、洒水、碾压	坝体、围堰填筑等
500103009×××	石渣料填筑	1. 最大粒径限制 2. 压实要求 3. 运距				

续表 A.3.1

项目编码	项目名称	主要项目特征	计量单位	工程量计算规则	主要工作内容	一般适用范围
500103010 × × ×	石料抛投	1. 粒径 2. 抛投方式 3. 运距	m³	按招标设计文件要求，以抛投体积计量	1. 抛投准备 2. 装运 3. 抛投	抛投于水下
500103011 × × ×	钢筋笼块石抛投	1. 粒径 2. 笼体及网格尺寸 3. 抛投方式 4. 运距			1. 抛投准备 2. 笼体加工 3. 石料装运 4. 装笼、抛投	
500103012 × × ×	混凝土块抛投	1. 形状及尺寸 2. 抛投方式 3. 运距			1. 抛投准备 2. 装运 3. 抛投	
500103013 × × ×	袋装土方填筑	1. 土质要求 2. 装袋、封包要求 3. 运距		按招标设计图示尺寸计算的填筑体有效体积计量	1. 装土 2. 封包 3. 堆筑	围堰水下填筑等
500103014 × × ×	土工合成材料铺设	1. 材料性能 2. 铺设拼接要求	m²	按招标设计图示尺寸计算的有效面积计量	1. 铺设 2. 接缝 3. 运输	防渗结构
500103015 × × ×	水下土石填筑体拆除	1. 断面形式 2. 拆除要求 3. 运距	m³	按招标设计要求，以拆除前后水下地形变化计算的体积计量	1. 测量拆除前后水下地形 2. 挖、装、运、卸	围堰等水下部分
500103016 × × ×	其他土石方填筑工程					

A.3.2　其他相关问题应按下列规定处理：

1　填筑土石料的松实系数换算，无现场土工实验资料时，按表A.3.2确定。

表 A.3.2　土石方松实系数换算表

项目	自然方	松方	实方	码方
土方	1	1.33	0.85	
石方	1	1.53	1.31	
砂方	1	1.07	0.94	
混合料	1	1.19	0.88	
块方	1	1.75	1.43	1.67

注：1. 松实系数是指土石料体积的比例关系，供一般土石方工程换算时参考。

2. 块石实方指堆石坝坝体方，块石松方即块石堆方。

2　土石方填筑工程工程量清单项目的工程量计算规则。应按招标设计图示尺寸计算填筑体的有效压实方体积计量。施工过程中增加的超填量、施工附加量、填筑体及基础的沉陷损失和填筑操作损耗等所发生的费用，应摊入有效工程量的工程单价中；抛投水下的抛填物，石料抛投体积按抛投石料的堆方体积计量，钢筋笼块石或混凝土块抛投体积按抛投钢筋笼或混凝土块的规格尺寸计算的体积计量。

3　钢筋笼块石的钢筋笼加工，应按招标设计图示要求和钢筋、钢构件加工及安装工程的计量计价规则计算，摊入钢筋笼块石有效工程量的工程单价中。

A.4　疏浚和吹填工程

A.4.1　疏浚和吹填工程。工程量清单的项目编码、项目名称、计量单位、工程量计算规则及主要工作内容，应按表A.4.1的规定执行。

表 A.4.1 疏浚和吹填工程(编码 500104)

项目编码	项目名称	主要项目特征	计量单位	工程量计算规则	主要工作内容	一般适用范围
500104001×××	船舶疏浚	1.地质及水文地质参数 2.需要避险和防干扰情况 3.船型及规格 4.排泥管线长度 5.挖深及排高 6.排泥方式(水中、陆地)	m³	按招标设计图示尺寸计算的水下有效自然方体积计量	1.测量地形、设立标志 2.避险、防干扰 3.排泥管安拆、移动、挖泥、排泥(或驳船运输排泥) 4.移船、移锚及辅助工作 5.开工展布、收工集合	在不同土壤中的水下疏浚,并排泥于指定地点
500104002×××	其他机械疏浚	1.地质及水文地质参数 2.需要避险和防干扰情况 3.运距及排高 4.排泥方式(水中、陆地)			1.测量地形、设立标志 2.避险、防干扰 3.挖泥、排泥 4.作业面移动及辅助工作 5.开工展布、收工集合	
500104003×××	船舶吹填	1.地质及水文地质参数 2.需要避险和防干扰情况 3.船型及规格 4.排泥管线长度 5.排泥吹填方式 6.运距及排高	m³	按招标设计图示尺寸计算的有效吹填体积计量	1.测量地形、设立标志 2.避险、防干扰 3.排泥管安拆、移动、挖泥、排泥(或驳船运输排泥) 4.移船、移锚及辅助工作 5.围堰、隔埝、退水口及排水渠等的维护 6.吹填体的脱水固结 7.开工展布、收工集合	吹填坝、堤、淤积田地及场地
500104004×××	其他机械吹填	1.地质及水文地质参数 2.需要避险和防干扰情况 3.排泥吹填方式 4.运距及排高			1.测量地形、设立标志 2.避险、防干扰 3.挖泥、排泥 4.作业面移动及辅助工作 5.开工展布、收工集合	
500104005×××	其他疏浚和吹填工程					

A.4.2 其他相关问题应按下列规定处理：

1 疏浚和吹填工程的土（砂）分级，按表 A.4.2-1 的确定。

2 水力冲挖机组的土类分级，按表 A.4.2-2 确定。

3 疏浚和吹填工程工程量清单项目的工程量计算规则：

1）在江河、水库、港湾、湖泊等处的疏浚工程（包括排泥于水中或陆地），应按招标设计图示轮廓尺寸计算的水下有效自然方体积计量。施工过程中疏浚设计断面以外增加的超挖量、施工期自然回淤量、开工展布与收工集合、避险与防干扰措施、排泥管安拆移动以及辅助船只等所发生的费用，应摊入有效工程量的工程单价中。辅助工程（如浚前扫床和障碍物清除、排泥区围堰、隔埂、退水口及排水渠等项目）另行计量计价。

2）吹填工程应按招标设计图示轮廓尺寸计算（扣除吹填区围堰、隔埂等的体积）的有效吹填体积计量。施工过程中吹填土体沉陷量、原地基因上部吹填荷载而产生的沉降量和泥沙流失量、对吹填区平整度要求较高的工程配备的陆上土方机械等所发生的费用，应摊入有效工程量的工程单价中。辅助工程（如浚前扫床和障碍物清除、排泥区围堰、隔埂、退水口及排水渠等项目）另行计量计价。

3）利用疏浚工程排泥进行吹填的工程，其疏浚和吹填价格分界按招标设计文件的规定执行。

表 A.4.2-1 河道疏浚工程土（砂）分级表

土砂类别	土名状态	粒组、塑性图分类		贯入击数 $N_{63.5}$	锥体沉入土中深度 h（mm）	饱和密度 P_t（g/cm³）	液性指数 I_L	相对密度 D_t	粒径（mm）	含量占权重（%）	附着力 F（kN/m²）
		符号	典型土、砂名称举例								
泥土、粉细砂	I	流动淤泥	OH	中、高塑性有机黏土	0	>10	≤1.55	≥1.50				
		液塑淤泥	OH	中、高塑性有机黏土	≤2	>10	1.55~1.70	1.50~1.00				
	II	软塑淤泥	OL	低、中塑性有机粉土，有机粉黏土	≤4	7~10	1.80	1.00~0.75				
	III	可塑砂壤土	CL	低塑性黏土，砂质黏土，黄土	5~8	3~7	>1.80	0.75~0.25				
		可塑壤土	CI	中塑性黏土，粉质黏土	5~8	3~7	>1.80	0.75~0.25				
		可塑黏土	CH	高塑性黏土，肥黏土，膨胀土	5~8	3~7	>1.80	0.75~0.25				<9.81
		松散粉、细砂	SM, SC, S-M, S-C	粉（黏）质土砂，微含粉（黏）质土砂	≤4		1.90		0~0.33	0.05~0.25		

续表 A.4.2-1

土砂类别		土名状态	粒组、塑性图分类		贯入击数 $N_{63.5}$	锥体沉入土中深度 h (mm)	饱和密度 P_t (g/cm^3)	液性指数 I_L	相对密度 D_t	粒径 (mm)	含量占权重 (%)	附着力 F (kN/m^2)
			符号	典型土、砂名称举例								
泥土、粉细砂	Ⅳ	硬塑砂壤土	CL	低塑性黏土,砂质黏土,黄土	9~14	2~3	1.85~1.90	0.25~0				<9.81
		硬塑壤土	CI	中塑性黏土,粉质黏土	9~14	2~3	1.85~1.90	0.25~0				<9.81
		中密粉细砂	SM,SC,S-M,S-C	粉(黏)质土砂,不良级配砂,黏(粉)土砂混合料	5~10		1.90		0.33~0.67	0.05~0.25		
	Ⅴ	硬塑黏土	CH	高塑性黏土,肥黏土,膨胀土	9~14	2~3	1.85~1.90	0.25~0				>24.52
		密实粉、细砂	SM,SC,S-M,S-C	粉(黏)质土砂,不良级配砂,黏(粉)土砂混合料	10~30		2.00		0.67~1.00	0.05~0.25		
	Ⅵ	坚硬砂壤土	CL	砂质黏土,低塑性黏土,黄土	15~30	<2	1.90~1.95	<0				<9.81
	Ⅶ	坚硬壤土	CI	中塑性黏土,粉质黏土	15~30	<2	1.90~1.95	<0				<9.81
		坚硬黏土	CH	高塑性黏土,肥黏土,膨胀土	15~30	<2	1.90~1.95	<0				>24.52
		弱胶结砂礓土			15~31							
	中砂	松散中砂	SM,SC,SP	粉(黏)质土砂,砂、粉(黏)土混合料,不良级配砂	0~15		2.00		0~0.33	0.25~0.50	>50	
		中密中砂	SM,SC,SW,SP	粉(黏)质土砂,砂、良好(不良)级配砂	15~30		2.05		0.33~0.67	0.25~0.50	>50	
		紧密中砂(含铁板砂)	SM(C),SW(P),GM(C),G-M(C)	粉(黏)质土砂,良好(不良)级配砂,粉(黏)质土砂,砾、砂、粉(黏)土混合料,砾质砂	30~50		>2.05		0.67~1.00	0.25~0.50	>50	

续表 A.4.2-1

土砂类别	土名状态	粒组、塑性图分类		贯入击数 $N_{63.5}$	锥体沉入土中深度 h （mm）	饱和密度 P_t （g/cm³）	液性指数 I_L	相对密度 D_t	粒径 （mm）	含量占权重 （%）	附着力 F （kN/m²）
		符号	典型土、砂名称举例								
泥土、粉细砂	粗砂	松散粗砂 SM,SC,SP	粉（黏）质土砂,砂、粉（黏）土混合料,不良级配砂	0~15		2.00		0~0.33	0.50~2.00	>50	
		中密粗砂 SM,SC,SW	粉（黏）质土砂,粉（黏）质土混合料,良好级配砂	15~30		2.05		0.33~0.67	0.50~2.00	>50	
		紧密粗砂（含铁板砂）SM(C),SW(P),GM(C),G-M(C)	粉（黏）质土砂,良好（不良）级配砂,微含粉（黏）质土砾、砾、砂、粉（黏）土混合料	30~50		>2.05		0.67~1.00	0.50~2.00	>50	

表 A.4.2-2　水力冲挖机组土类分级表

土类级别		土类名称	自然容重 （kN/m³）	外形特征	鉴别方法
I	1	稀淤	14.72~17.66	含水饱和,搅动即成糊状	用容器装运
	2	流砂		含水饱和,能缓缓流动,挖而复涨	
II	1	砂土	16.19~17.17	颗粒较大,无凝聚性和可塑性,空隙大,易透水	用铁锹开挖
	2	砂壤土		土质松软,由砂与壤土组成,易成浆	
III	1	烂淤	16.68~18.15	行走陷足,粘锹粘筐	用铁锹开挖
	2	壤土		手触感觉有砂的成分,可塑性好	
	3	含根种植土		有植物根系,能成块,易打碎	
IV	1	黏土	17.17~18.64	颗粒较细,粘手滑腻,能压成块	用三齿叉撬挖
	2	干燥黄土		粘手,看不见砂粒	
	3	干淤土		水分在饱和点以下,质软易挖	

A.5 砌筑工程

A.5.1 砌筑工程。工程量清单的项目编码、项目名称、计量单位、工程量计算规则及主要工作内容,应按表 A.5.1 的规定执行。

表 A.5.1 砌筑工程(编码 500105)

项目编码	项目名称	主要项目特征	计量单位	工程量计算规则	主要工作内容	一般适用范围
500105001×××	干砌块石	材质及规格	m³	按招标设计图示尺寸计算的有效砌筑体积计量	1. 选石、修石 2. 砌筑、填缝、找平	挡墙、护坡等
500105002×××	钢筋(铅丝)石笼	1. 材质及规格 2. 笼体及网格尺寸			1. 笼体加工 2. 装运笼体就位 3. 块石装笼	护坡、护底等
500105003×××	浆砌块石	1. 材质及规格 2. 砂浆强度等级及配合比			1. 选石、修石、冲洗 2. 拌砂浆、砌筑、勾缝	挡墙、护坡、排水沟、渠道等
500105004×××	浆砌卵石					
500105005×××	浆砌条(料)石	1. 材质及规格 2. 砂浆强度等级及配合比 3. 勾缝要求				挡墙、护坡、墩、台、堰、低坝、拱圈、衬砌等
500105006×××	砌砖	1. 品种、规格及强度等级 2. 砂浆强度等级及配合比 3. 勾缝要求			砂浆拌和、砌筑、勾缝	墙、柱、基础等
500105007×××	干砌混凝土预制块	强度等级及规格			砌筑	挡墙、隔墙等
500105008×××	浆砌混凝土预制块	1. 强度等级及规格 2. 砂浆强度等级及配合比			冲洗、拌砂浆、砌筑、勾缝	挡墙、隔墙、护坡、护底、墩、台等
500105009×××	砌体拆除	1. 拆除要求 2. 弃渣运距		按招标设计图示尺寸计算的拆除体积计量	1. 有用料堆存 2. 弃渣装、运、卸 3. 清理	
500105010×××	砌体砂浆抹面	1. 砂浆强度等级及配合比 2. 抹面强度 3. 分格缝宽度	m²	按招标设计图示尺寸计算的抹面面积计量	拌砂浆、抹面	
500105011×××	其他砌筑工程					

A.6 锚喷支护工程

A.6.1 锚喷支护工程。工程量清单的项目编码、项目名称、计量单位、工程量计算规则及主要工作内容,应按表 A.6.1 的规定执行。

表 A.6.1 锚喷支护工程(编码 500106)

项目编码	项目名称	主要项目特征	计量单位	工程量计算规则	主要工作内容	一般适用范围
500106001××	注浆黏结锚杆	1.材质 2.孔向、孔径及孔深 3.外露长度及锚杆直径 4.锚杆及附件加工标准 5.水泥砂浆强度及注浆形式	根	根据招标设计图示要求,按锚杆钢筋强度等级、直径、锚孔深度及外露长度的不同划分规格,以有效根数计量	1.布孔、钻孔 2.锚杆及附件加工、锚固 3.拉拔试验	明挖或洞挖围岩的永久性锚固及施工期的临时性支护
500106002×××	水泥卷锚杆	1.材质 2.孔向、孔径及孔深 3.外露长度及锚杆直径 4.锚杆及附件加工标准 5.水泥卷种类及强度				
500106003×××	普通树脂锚杆	1.材质 2.孔向、孔径及孔深 3.外露长度及锚杆直径 4.锚杆及附件加工标准 5.树脂种类				
500106004×××	加强锚杆束	1.材质 2.孔向、孔径及孔深 3.外露长度、锚杆直径及根数 4.锚杆束及附件加工标准 5.水泥砂浆强度及注浆形式	束	根据招标设计图示要求,按锚杆钢筋强度等级、直径、锚孔深度及外露长度的不同划分规格,以有效束数计量	1.布孔、钻孔 2.锚杆束及附件加工、锚固 3.拉拔试验	

续表 A.6.1

项目编码	项目名称	主要项目特征	计量单位	工程量计算规则	主要工作内容	一般适用范围
500106005××	预应力锚杆	1. 材质 2. 孔向、孔径及孔深 3. 外露长度及锚杆直径 4. 锚杆及附件加工标准 5. 预应力强度 6. 水泥砂浆强度及注浆形式	根	根据招标设计图示要求，按锚杆钢筋强度等级、直径、锚孔深度及外露长度的不同划分规格，以有效根数计量	1. 布孔、钻孔 2. 锚杆及附件加工、锚固 3. 锚杆张拉 4. 拉拔试验	明挖或洞挖围岩的永久性锚固及施工期的临时性支护
500106006×××	其他黏结锚杆	1. 材质 2. 孔向、孔径及孔深 3. 锚固形式			1. 布孔、钻孔 2. 锚杆及附件加工、锚固 3. 拉拔试验	
500106007×××	单锚头预应力锚索	1. 材质 2. 孔向、孔径及孔深 3. 注浆形式、黏结要求 4. 锚索及锚固段长度 5. 预应力强度	束	根据招标设计图示要求，按锚索预应力强度等级与锚索孔内长度的不同划分规格，以有效束数计量	1. 钻孔、清孔及孔位测量 2. 锚索及附件加工、运输、安装 3. 单锚头的孔底段锚固 4. 孔口承压垫座混凝土浇筑和钢垫板安装 5. 张拉、锚固、注浆、封闭锚头	岩体的永久性锚固
500106008×××	双锚头预应力锚索					
500106009×××	岩石面喷浆	1. 材质 2. 喷浆部位及厚度 3. 砂浆强度等级及配合比 4. 运距 5. 检测方法	m²	按招标设计图示部位不同喷浆厚度的喷浆面积计量	1. 岩面浮石撬挖及清洗 2. 材料装运卸 3. 砂浆配料、施喷、养护 4. 回弹物清理	岩石边坡及洞挖围岩的稳固
500106010×××	混凝土面喷浆				1. 混凝土面凿毛、清洗 2. 材料装运、卸 3. 砂浆配料、施喷、养护 4. 回弹物清理	已浇混凝土面的渗处混凝土表面防渗

续表 A.6.1

项目编码	项目名称	主要项目特征	计量单位	工程量计算规则	主要工作内容	一般适用范围
500106011×××	岩石面喷混凝土	1. 材质 2. 喷混凝土部位及厚度 3. 混凝土强度等级及配合比 4. 材料运距 5. 检测方法	m³	按招标设计图示部位不同喷混凝土厚度的喷混凝土有效实体方体积计量	1. 岩石面清洗 2. 材料装运卸 3. 混凝土配料、拌料、试验、施喷、养护 4. 回弹物清理 5. 喷护厚度检测	岩石边坡及洞挖围岩的稳固
500106012×××	钢支撑加工	1. 结构形式及尺寸 2. 钢材品种及规格 3. 支撑高度和宽度	t	按招标设计图示尺寸计算的钢支撑有效重量计量	1. 机械性能试验 2. 除锈、加工、焊接	洞挖围岩不拆除的临时性支护
500106013×××	钢支撑安装				运输、安装	
500106014×××	钢筋格构架加工			按招标设计图示尺寸计算的钢筋格构架有效重量计量	1. 机械性能试验 2. 除锈、加工、焊接	
500106015×××	钢筋格构架安装				运输、安装	
500106016×××	木支撑安装	1. 材质及规格 2. 结构形式及尺寸 3. 支撑高度和宽度	m³	按招标设计对围岩地质情况预计需耗用的木材体积计量	1. 木支撑加工 2. 木支撑运输、架设、拆除	一般不推荐使用
500106017×××	其他锚喷支护工程					

A.6.2　其他相关问题应按下列规定处理：

1　锚杆和锚索钻孔的岩石分级,按表 A.2.2 的确定。

2　锚喷支护工程工程量清单项目的工程量计算规则:

1)锚杆(包括系统锚杆和随机锚杆)应按招标设计图示尺寸计算的有效根(或束)数计量。钻孔、锚杆和锚杆束、附件、加工和安装过程中操作损耗等所发生的费用,均应摊入有效工程量的工程单价中。

2)锚索应按招标设计图示尺寸计算的有效束数计量。钻孔、锚索、附件、加工和安装过程中操作损耗等所发生的费用,应摊入有效工程量的工程单价中。

3)喷浆按招标设计图示范围的有效面积计量,喷混凝土按招标设计图示范围的有效实体方体积计量。由于被喷表面超挖等原因引起的超喷量、施喷回弹物损耗量、操作损耗等所发生的费用,应摊入有效工程量的工程单价中。

4)钢支撑加工、钢支撑安装、钢筋格构架加工、钢筋格构架安装,按招标设计图示尺寸计算的钢支撑或钢筋格构架及附件的重量(含两榀钢支撑或钢筋格构架间连接钢材、钢筋等的用量)计量。计算钢支撑或钢筋格构架重量时,不扣除孔眼的重量,也不增加电焊条、铆钉、螺栓等的重量。一般情况下钢支撑或钢筋格构架不拆除,如需拆除,招标人应另外支付拆除费用。

5)木支撑安装按所耗用木材体积计量。

3　喷浆和喷混凝土工程中如设有钢筋网,可按钢筋、钢构件加工及安装工程的计量计价规则另行计量计价。

A.7　钻孔和灌浆工程

A.7.1　钻孔和灌浆工程。工程量清单的项目编码、项目名称、计量单位、工程量计算规则及主要工作内容,应按表 A.7.1 的规定执行。

表 A.7.1　钻孔和灌浆工程(编码 500107)

项目编码	项目名称	主要项目特征	计量单位	工程量计算规则	主要工作内容	一般适用范围
500107001×××	砂砾石层帷幕灌浆(含钻孔)	1. 地层类别、颗粒级配、渗透系数等 2. 灌浆孔的布置 3. 孔向、孔径和孔深 4. 灌注材料材质 5. 灌浆程序,分排、分序、分段 6. 灌浆压力、浆液配比变换及结束标准 7. 检测方法	m	按招标设计图示尺寸计算的有效灌浆长度计量	1. 钻孔 2. 镶筑孔口管 3. 泥浆护壁 4. 制浆、灌浆、封孔 5. 抬动观测 6. 检查孔压水试验和灌浆封堵 7. 废漏浆液和弃渣清除	坝(堰)基砂砾石层防渗帷幕灌浆

续表 A.7.1

项目编码	项目名称	主要项目特征	计量单位	工程量计算规则	主要工作内容	一般适用范围
500107002×××	土坝(堤)劈裂灌浆(含钻孔)	1. 坝基地质条件 2. 坝型、筑坝材料材质、现状和隐患 3. 灌注材料材质 4. 灌浆孔的布置 5. 孔向、孔径和孔深 6. 灌浆程序,分排、分序、分段 7. 灌浆压力、浆液配比变换和结束标准 8. 检测方法	m	按招标设计图示尺寸计算的有效灌浆长度计量	1. 钻孔 2. 泥浆或套管护壁 3. 制浆、灌浆、封孔 4. 检查孔钻孔取样、灌浆封堵 5. 坝体变形、渗流等观测 6. 坝体变形、裂缝、冒浆及串浆处理	坝高在50 m以下的均质土坝、宽心墙土坝或土堤劈裂灌浆
500107003×××	岩石层钻孔	1. 岩石类别 2. 孔向、孔径和孔深 3. 钻孔合格标准		按招标设计图示尺寸计算的有效钻孔进尺,按用途和孔径分别计量	1. 埋设孔口管 2. 钻孔、洗孔、孔位转移 3. 取岩芯 4. 量孔深、测孔斜 5. 孔口加盖保护	先导孔、灌浆孔、观测孔等
500107004×××	混凝土层钻孔					
500107005×××	岩石层帷幕灌浆	1. 岩石类别、透水率等 2. 灌注材料材质 3. 灌浆程序,分排、分序、分段 4. 灌浆压力、浆液配比变换和结束标准 5. 检测方法	m(t)	按招标设计图示尺寸计算的有效灌浆长度(m)或直接用于灌浆的水泥及掺和料的净干耗量(t)计量	1. 洗孔、扫孔、简易压水试验 2. 制浆、灌浆、封孔 3. 抬动观测 4. 废漏浆液清除	坝(堰)基岩石的防渗帷幕灌浆
500107006×××	岩石层固结灌浆					坝(堰)基岩石和地下洞室围岩的固结灌浆
500107007×××	回填灌浆(含)钻孔	1. 灌浆孔布置 2. 孔向、孔径及孔深 3. 灌浆材料材质 4. 灌浆分序 5. 灌浆压力、浆液配比变换及结束标准 6. 检测方法	m²	按招标设计图示尺寸计算的有效灌浆面积计量	1. 钻进混凝土后入岩或通过预埋灌浆管钻孔入岩 2. 洗孔、制浆、灌浆、封孔 3. 变形观测 4. 检查孔压浆检查和封堵	衬砌混凝土与岩石面或充填混凝土与钢衬之间的缝隙回填

续表 A.7.1

项目编码	项目名称	主要项目特征	计量单位	工程量计算规则	主要工作内容	一般适用范围
500107008××	检查孔钻孔	1.岩石类别 2.孔向、孔径及孔深 3.钻孔合格标准	m	按招标设计要求计算的有效钻孔进尺计量	1.钻孔取岩芯 2.检查、验收	坝(堰)基岩石帷幕、固结灌浆效果检查,混凝土浇筑质量检查
500107009××	检查孔压水试验	1.孔位、孔深及数量 2.压水试验合格标准	试段	按招标设计要求计算压水试验的试段数计量	1.扫孔、洗孔 2.压水试验	
500107010××	检查孔灌浆	1.检查孔检查结果 2.灌注材料材质 3.灌浆压力、浆液配比变换和结束标准	m	按招标设计要求计算的有效灌浆长度计量	1.制浆、灌浆、封孔 2.废浆液及弃渣清除	坝(堰)基岩石帷幕、固结灌浆的检查孔灌浆
500107011××	接缝灌浆	1.灌浆区布设及开始灌浆条件 2.灌浆管路及部件的制作、埋设标准 3.灌注材料材质 4.灌浆程序、灌浆压力 5.灌浆结束标准 6.检测方法	m²	按招标设计图示要求灌浆的混凝土施工缝面积计量	1.灌浆管路、灌浆盒及止浆片安装 2.钻灌浆孔 3.通水检查、冲洗、压水试验 4.制浆、灌浆、变形观测	混凝土坝体内的施工缝灌浆
500107012××	接触灌浆					混凝土坝体与坝基、岸坡岩体接触缝的灌浆
500107013××	排水孔	1.岩石类别 2.孔位、孔向、孔径及孔深 3.钻孔合格标准	m	按招标设计图示尺寸计算的有效钻孔进尺计量	1.钻孔、洗孔、孔位转移 2.填料、插管 3.检查、验收	排水孔
500107014××	化学灌浆	1.地质条件或混凝土裂缝性状(长度、宽度等) 2.灌浆孔布置 3.孔向、孔径和孔深 4.灌注材料材质及配比 5.灌浆压力、浆液配比变换和结束标准 6.检测方法	t(kg)	按招标设计图示化学灌浆区域需要各种化学灌浆材料的总重量计量	1.埋设灌浆嘴 2.化学灌浆试验,选定浆液配合比和灌浆工艺 3.钻孔、洗孔及裂缝处理 4.配浆、灌浆、封孔	混凝土裂缝处理、岩石微细裂隙或破碎带处理、防渗堵漏、固结补强
500107015××	其他钻孔和灌浆工程					

A.7.2　其他相关问题应按下列规定处理：

1　岩石层钻孔的岩石分级，按表 A.2.2 和表 A.7.2-1 确定。

2　砂砾石层钻孔地层分类，按表 A.7.2-2 确定。

3　钻孔和灌浆工程工程量清单项目的工程量计算规则：

1）砂砾石层帷幕灌浆、土坝坝体劈裂灌浆，应按招标设计图示尺寸计算的有效灌浆长度计量。钻孔、检查孔钻孔灌浆、浆液废弃和钻孔灌浆操作损耗等所发生的费用，应摊入砂砾石层帷幕灌浆、土坝坝体劈裂灌浆有效工程量的工程单价中。

2）岩石层钻孔、混凝土层钻孔，按招标设计图示尺寸计算的有效钻孔进尺，按用途和孔径分别计量。有效钻孔进尺按钻机钻进工作面的位置开始计算。先导孔和观测孔取芯、灌浆孔取芯和扫孔等所发生的费用，应摊入岩石层钻孔、混凝土层钻孔有效工程量的工程单价中。

3）直接用于灌浆的水泥与掺和料的干耗量按设计净耗灰量计量。

4）岩石层帷幕灌浆、固结灌浆，应按招标设计图示尺寸计算的有效灌浆长度或设计净干耗灰量（水泥及掺和料的注入量）计量。补强灌浆、浆液废弃和灌浆操作损耗等所发生的费用，应摊入岩石层帷幕灌浆、固结灌浆有效工程量的工程单价中。

5）隧洞回填灌浆按招标设计图示尺寸规定的计量角度，计算设计衬砌外缘弧长与灌浆段长度乘积的有效灌浆面积计量。混凝土层钻孔、预埋灌浆管路、预留灌浆孔的检查和处理、检查孔钻孔和压浆封堵、浆液废弃和灌浆操作损耗等所发生的费用，应摊入有效工程量的工程单价中。

6）高压钢管回填灌浆，应按招标设计图示衬砌钢板外缘全周长乘回填灌浆钢板衬砌段长度计算的有效灌浆面积计量。连接灌浆管、检查孔回填灌浆、浆液废弃和灌浆操作损耗等所发生的费用，均应摊入有效工程量的工程单价中。钢板预留灌浆孔封堵不属回填灌浆的工作内容，应计入压力钢管的安装费中。

7）接缝灌浆和接触灌浆，应按招标设计图示尺寸计算的混凝土施工缝（或混凝土坝体与坝基、岸坡岩体的接触缝）有效灌浆面积计量。灌浆管路、灌浆盒和止浆片的制作、埋设、检查和处理，钻混凝土孔、灌浆操作损耗等所发生的费用，应摊入接缝灌浆、接触灌浆有效工程量的工程单价中。

8）化学灌浆应按招标设计图示化学灌浆区域需要各种化学灌浆材料的有效总重量计量。化学灌浆试验以及灌浆过程中的操作损耗等所发生的费用，应摊入有效工程量的工程单价中。

9）表 A.7.1 钻孔和灌浆工程的工作内容不包括招标文件规定按总价报价的钻孔取芯的试验费和灌浆试验费。

表 A.7.2-1　岩石十二类分级与十六类分级对照表

十二类分级			十六类分级		
岩石级别	可钻性(m/h)	一次提钻长度(m)	岩石级别	可钻性(m/h)	一次提钻长度(m)
IV	1.60	1.70	V	1.60	1.70
V	1.15	1.50	VI	1.20	1.50
			VII	1.00	1.40
VI	0.82	1.30	VIII	0.85	1.30
VII	0.57	1.10	IX	0.72	1.20
			X	0.55	1.10
VIII	0.38	0.85	XI	0.38	0.85
IX	0.25	0.65	XII	0.25	0.65
X	0.15	0.50	XIII	0.18	0.55
			XIV	0.13	0.40
XI	0.09	0.32	XV	0.09	0.32
XII	0.045	0.16	XVI	0.045	0.16

表 A.7.2-2　钻机钻孔工程地层分类与特征表

地层名称	特征
(1)黏土	塑性指数 >17,人工回填压实或天然的黏土层,包括黏土含石
(2)砂壤土	1 < 塑性指数 ≤17,人工回填压实或天然的砂壤土层,包括土砂、壤土、砂土互层、壤土含石和砂土
(3)淤泥	包括天然孔隙比 >1.5 的淤泥和天然孔隙比 >1 并且 ≤1.5 的黏土和亚黏土
(4)粉细砂	$d_{50} \leq 0.25$ mm,塑性指数 ≤1,包括粉砂、粉细砂含石
(5)中粗砂	$d_{50} > 0.25$ mm,并且 ≤2 mm,包括中粗砂含石
(6)砾石	粒径 2 ~ 20 mm 的颗粒占全重50% 的地层,包括砂砾石和砂砾
(7)卵石	粒径 20 ~ 200 mm 的颗粒占全重50% 的地层,包括砂砾卵石
(8)漂石	粒径 200 ~ 800 mm 的颗粒占全重50% 的地层,包括漂卵石
(9)混凝土	指水下浇筑、龄期不超过 28 d 的防渗墙接头混凝土
(10)基岩	指全风化、强风化、弱风化的岩石
(11)孤石	粒径 >800 mm 需做专项处理,处理后的孤石按基岩定额计算

注:地层名称中(1) ~ (5)项不包括≤50%含石量的地层。

A.8 基础防渗和地基加固工程

A.8.1 基础防渗和地基加固工程。工程量清单的项目编码、项目名称、计量单位、工程量计算规则及主要工作内容,应按表 A.8.1 的规定执行。

表 A.8.1 基础防渗和地基加固工程(编码 500108)

项目编码	项目名称	主要项目特征	计量单位	工程量计算规则	主要工作内容	一般适用范围
500108001××	混凝土地下连续墙	1. 地层类别、粒径大小 2. 墙厚、墙深 3. 墙体材料材质 4. 混凝土强度等级及配合比 5. 槽段孔位、清孔及墙体连续性的要求 6. 检测方法	m²	按招标设计图示尺寸计算不同墙厚的有效连续墙体截水面积计量	1. 地质复勘 2. 生产性试验,选定施工工艺及参数 3. 槽段造(钻)孔、泥浆固壁、清孔 4. 混凝土配料、拌和、浇筑 5. 钻取芯样检验	在砂卵石或松散土地基上建造防渗墙、支护墙、防冲墙、承重墙等
500108002××	高压喷射注浆连续防渗墙	1. 地层类别、粒径大小 2. 结构形式及墙厚、墙深 3. 高压喷孔的孔距、排数 4. 高喷材料材质 5. 高喷浆液配合比 6. 工艺要求 7. 检测方法			1. 地质复勘 2. 生产性试验,选定施工工艺及参数 3. 钻孔 4. 配制浆液 5. 高压喷射注浆、固结体连接成墙	对松散透水地基的防渗处理
500108003××	高压喷射水泥搅拌桩	1. 地层类别、粒径大小 2. 高喷材料材质 3. 桩位、桩距、桩径、桩长 4. 检测方法	m	按招标设计图示尺寸计算的有效成孔长度计量	1. 地质复勘 2. 生产性试验,选定施工工艺及参数 3. 钻孔 4. 配制浆液 5. 高压喷射注浆	软弱地基加固

续表 A.8.1

项目编码	项目名称	主要项目特征	计量单位	工程量计算规则	主要工作内容	一般适用范围
500108004×××	混凝土灌注桩(泥浆护壁钻孔灌注桩、锤击或振动沉管灌注桩)	1.岩土类别 2.灌注材料材质 3.混凝土强度等级及配合比 4.桩位、桩型、桩径、桩长 5.检测方法	m³	按招标设计图示尺寸计算的造孔(沉管)灌注桩灌注混凝土的有效体积计量	1.地质复勘、成孔成桩试验,校验施工参数和工艺 2.埋设孔口装置、泥浆护壁造孔或跟管钻进造孔 3.清孔 4.加工、吊放钢筋笼 5.混凝土拌制、运输 6.水下混凝土灌注 7.成桩承载力检验	
500108005×××	钢筋混凝土预制桩	1.岩土类别 2.预制桩材料材质 3.预制混凝土强度等级及配合比 4.桩位、桩径、桩长 5.停锤标准 6.检测方法	根	按招标设计图示桩径、桩长,以根数计量	1.地质复勘、选择停锤标准 2.购置商品桩或预制混凝土桩 3.起吊、运输、存放 4.打(压)桩、接桩、停锤 5.桩斜度测量 6.桩基承载力等检验	软弱地基加固
500108006×××	振冲桩加固地基	1.岩土类别 2.填料种类及材质 3.孔位、孔距、孔径及孔深 4.检测方法	m	按招标设计图示尺寸计算的振冲成孔长度计量	1.振冲试验、选择施工参数 2.填料开采、运输、检验 3.填料振实、逐段加密 4.桩体密实度和承载力等检验	
500108007×××	钢筋混凝土沉井	1.岩土类别 2.沉井材料材质 3.混凝土强度等级及配合比 4.井型、井径、井深及井壁厚度 5.施工工艺 6.检测方法	m³	按符合招标设计图示尺寸需要形成的水面(或地面)以下的有效空间体积计量	1.地质复勘、校验地质资料及持力层特征 2.制作沉井及刃脚 3.沉井运输 4.沉井定位、挖井内泥土、沉井下沉、抽排地下水 5.浇筑封底混凝土(干封底或水下浇筑混凝土)	
500108008×××	钢制沉井					
500108009×××	其他基础防渗和地基加固工程					

A.8.2 其他相关问题应按下列规定处理:

1 土类分级,按表 A.1.2 确定。岩石分级,按表 A.2.2 和表 A.7.2-1 确定。

2 基础防渗和地基加固工程工程量清单项目的工程量计算规则:

1)混凝土地下连续墙、高压喷射注浆连续防渗墙,应按招标设计图示尺寸计算不同墙厚的连续墙体截水面积计量;高压喷射水泥搅拌桩,按招标设计图示尺寸计算的有效成孔长度计量。造(钻)孔、灌注槽孔混凝土(灰浆)及操作损耗等所发生的费用,应摊入有效工程量的工程单价中。混凝土地下连续墙与帷幕灌浆结合的墙体内预埋灌浆管、墙体内观测仪器(观测仪器的埋设、率定、下设桁架等)及钢筋笼下设(指保护预埋灌浆管的钢筋笼的加工、运输、垂直下设及孔口对接等),另行计量计价。

2)地下连续墙施工的导向槽、施工平台,应另行计量计价。

3)混凝土灌注桩应按招标设计图示尺寸计算的钻孔(沉管)灌注桩灌注混凝土的有效体积(不含灌注于桩顶设计高程以上需要挖去的混凝土)计量。检验试验、灌注于桩顶设计高程以上需要挖去的混凝土、钻孔(沉管)灌注混凝土的操作损耗等所发生的费用和周转使用沉管的费用,应摊入有效工程量的工程单价中。钢筋笼按钢筋、钢构件加工及安装工程的计量计价规则另行计量计价。

4)钢筋混凝土预制桩应按招标设计图示桩径、桩长,以根数计量。地质复勘、检验试验、预制桩制作(或购置)及在运桩、打桩和接桩过程中的操作损耗等所发生的费用,应摊入有效工程量的工程单价中。

5)振冲桩加固地基应按招标设计图示尺寸计算的振冲成孔长度计量。振冲试验、振冲桩体密实度和承载力等的检验、填料以及在振冲造孔填料振密过程中的操作损耗等所发生的费用,应摊入有效工程量的工程单价中。

6)沉井按符合招标设计图示尺寸需要形成的水面(或地面)以下有效空间体积计量。地质复勘、试验检验和沉井制作、运输、清基或水中筑岛、沉放、封底、操作损耗等所发生的费用,应摊入有效工程量的工程单价中。

A.9 混凝土工程

A.9.1 混凝土工程。工程量清单的项目编码、项目名称、计量单位、工程量计算规则及主要工作内容,应按表 A.9.1 的规定执行。

表 A.9.1 混凝土工程(编码 500109)

项目编码	项目名称	主要项目特征	计量单位	工程量计算规则	主要工作内容	一般适用范围
500109001××	普通混凝土	1.部位及类型 2.设计龄期、强度等级及配合比 3.抗渗、抗冻、抗磨等要求 4.级配、拌制要求 5.运距	m³	按招标设计图示尺寸计算的有效实体方体积计量	1.冲(凿)毛、冲洗、清仓、铺水泥砂浆 2.维护并保持仓内模板、钢筋及预埋件的准确位置 3.配料、拌和、运输、平仓、振捣、养护 4.取样检验	坝、堤、堰、梁、板、柱、墙、排架、墩、台、屋面及衬砌混凝土等

续表 A.9.1

项目编码	项目名称	主要项目特征	计量单位	工程量计算规则	主要工作内容	一般适用范围
500109002××	碾压混凝土	1.部位及工法 2.设计龄期、强度等级及配合比 3.抗渗、抗冻等要求 4.碾压工艺和程序 5.级配、拌制及切缝要求 6.运距	m³	按招标设计图示尺寸计算的有效实体方体积计量	1.冲(刷)毛、冲洗、清仓、铺水泥砂浆 2.配料拌和、运输、平仓、碾压、养护 3.切缝 4.取样检验	坝、堤、围堰等
500109003××	水下浇筑混凝土	1.部位及类型 2.强度等级及配合比 3.级配、拌制要求 4.运距		按招标设计要求浇筑前后的水下地形变化以体积计量	1.清基、测量浇筑前的水下地形 2.配料、拌和、运输 3.直升导管法连续浇筑 4.测量浇筑后水下地形,计算工程量 5.钻取芯样检验	水下围堰、水下防渗墙、水下墩台基础及水下建筑物修补等
500109004××	膜袋混凝土	1.部位及膜袋规格 2.强度等级及配合比 3.级配、拌制要求 4.运距		按招标设计图示尺寸计算的有效实体方体积计量	1.膜袋加工 2.膜袋铺设 3.配料、拌和、运输、灌注 4.取样检验	渠道边坡防护、河岸护坡、水下建筑物修补等
500109005××	预应力混凝土	1.部位及类型 2.结构尺寸及张拉等级 3.强度等级及配合比 4.对固定锚索位置及形状的钢管的要求 5.张拉工艺和程序 6.级配、拌制要求 7.运距			1.冲(凿)毛、冲洗 2.锚索及其附件加工、运输、安装 3.维护并保持模板、钢筋、锚索及预埋件的准确位置 4.配料、拌和、运输、振捣、养护 5.张拉试验及张拉、灌浆封闭	预应力闸墩,预应力梁、柱、渡槽等

续表 A.9.1

项目编码	项目名称	主要项目特征	计量单位	工程量计算规则	主要工作内容	一般适用范围
500109006×××	二期混凝土	1. 部位 2. 强度等级及配合比 3. 级配、拌制要求 4. 运距	m³	按招标设计图示尺寸计算的有效实体方体积计量	1. 凿毛、清洗 2. 维护并保持安装件的准确位置 3. 配料、拌和、运输、浇筑、振捣、养护	机电和金属结构设备基础埋件（如蜗壳、闸门槽等）的二期混凝土及预留宽槽、封闭块的混凝土等
500109007×××	沥青混凝土	1. 沥青性能指标 2. 配合比及技术指标 3. 运距	m³ (m²)	按招标设计图示尺寸计算的有效实体方体积计量；封闭层以有效面积计量	1. 原料加热、配料及拌和 2. 保温运输、摊铺和碾压 3. 施工接缝及层间处理、封闭施工 4. 取样检验	土石坝、蓄水池等的碾压式防渗结构沥青混凝土
500109008×××	止水工程	1. 止水类型 2. 原材料材质 3. 止水规格尺寸	m	按招标设计图示尺寸计算的有效长度计量	制作、安装、维护	水工建筑物
500109009×××	伸缩缝	1. 伸缩缝部位 2. 填料的种类、规格	m²	按招标设计图示尺寸计算的有效面积计量		
500109010×××	混凝土凿除	1. 凿除部位及断面尺寸 2. 运距	m³	按招标设计图示凿除范围内的实体方体积计量	1. 凿除、清洗 2. 弃渣运输 3. 周围建筑物的保护	各部位混凝土
500109011×××	其他混凝土工程					

A.9.2 其他相关问题应按下列规定处理：

1 混凝土工程工程量清单项目的工程量计算规则：

1)普通混凝土应按招标设计图示尺寸计算的有效实体方体积计量。体积小于0.1 m³的圆角或斜角,钢筋和金属件占用的空间体积小于0.1 m³或截面积小于0.1 m²的孔洞、排水管、预埋管和凹槽等的工程量不予扣除。按设计要求对上述临时孔洞所回填的混凝土也不重复计量。施工过程中由于超挖引起的超填量,凿(冲)毛、拌和、运输和浇筑等操作损耗所发生的费用(不包括以总价承包的混凝土配合比试验费),应摊入有效工程量的工程单价中。

2)温控混凝土与普通混凝土的工程量计算规则相同。温控措施费应摊入相应温控混凝土的工程单价中。

3)混凝土冬季施工中对原材料(如砂石料)加温、热水拌和、成品混凝土的保温等措施所发生的冬季施工增加费应包含在相应混凝土的工程单价中。

4)碾压混凝土应按招标设计图示尺寸计算的有效实体方体积计量。施工过程中由于超挖引起的超填量,冲(刷)毛、拌和、运输和碾压过程中的操作损耗所发生的费用(不包括配合比试验和生产性碾压试验的费用),应摊入有效工程量的工程单价中。

5)水下浇筑混凝土应按招标设计图示浇筑前后水下地形变化计算的有效体积计量。拌和、运输和浇筑过程的操作损耗所发生的费用,应摊入有效工程量的工程单价中。

6)预应力混凝土应按招标设计图示尺寸计算的有效实体方体积计量。钢筋、锚索、钢管、钢构件、埋件等所占用的空间体积不予扣除。锚索及其附件的加工、运输、安装、张拉、注浆封闭和混凝土浇筑过程中的操作损耗等所发生的费用,应摊入有效工程量的工程单价中。

7)二期混凝土应按招标设计图示尺寸计算的有效实体方体积计量。钢筋和埋件等所占用的空间不予扣除。拌和、运输和浇筑过程中的操作损耗所发生的费用,应摊入有效工程量的工程单价中。

8)沥青混凝土应按招标设计防渗心墙及防渗面板的防渗层、整平胶结层和加厚层沥青混凝土图示尺寸计算的有效体积计量;封闭层按招标设计图示尺寸计算的有效面积计量。施工过程中由于超挖引起的超填量及拌和、运输和摊铺碾压过程中的操作损耗所发生的费用(不包括室内试验、现场试验和生产性试验的费用),应摊入有效工程量的工程单价中。

9)止水工程应按招标设计图示尺寸计算的有效长度计量。止水片的搭接长度、加工及安装过程中操作损耗所发生的费用,应摊入有效工程量的工程单价中。

10)伸缩缝应按招标设计图示尺寸计算的有效面积计量。缝中填料及其在加工及安装过程中操作损耗所发生的费用,应摊入有效工程量的工程单价中。

11)混凝土工程中的小型钢构件,如温控需要的冷却水管、预应力混凝土中固定锚索位置的钢管等所发生的费用,应分别摊入相应混凝土的工程单价中。

2 混凝土拌和与浇筑分属两个投标人时,其含税价格的分界点应按招标文件的规定计算。

3 当开挖与混凝土浇筑分属两个投标人时,混凝土工程按开挖实测断面计算,相应由于超挖引起的超填量所发生的费用,不摊入混凝土有效工程量的工程单价中。

4 招标人如要求将模板使用费摊入混凝土工程单价,各摊入模板使用费的混凝土工程单价中应包括模板周转使用摊销费。

A.10 模板工程

A.10.1 模板工程。工程量清单的项目编码、项目名称、计量单位、工程量计算规则及主要工作内容,应按表 A.10.1 的规定执行。

表 A.10.1 模板工程(编码 500110)

项目编码	项目名称	主要项目特征	计量单位	工程量计算规则	主要工作内容	一般适用范围
500110001 ×××	普通模板	1.类型及结构尺寸 2.材料品种 3.制作、组装、安装和拆卸标准(如强度、刚度、稳定性) 4.支撑形式	m²	按招标设计图示建筑物体形、浇筑分块和跳块顺序要求所需有效立模面积计量	1.制作、组装、运输、安装 2.拆卸、修理、周转使用 3.刷模板保护涂料、脱模剂	浇筑混凝土成型用的模板
500110002 ×××	滑动模板	1.类型及结构尺寸 2.面板材料品种 3.支撑及导向构件规格尺寸 4.制作、组装、安装和拆卸标准(如强度、刚度、稳定性) 5.动力驱动形式			1.制作、组装、运输、安装、运行维护 2.拆卸、修理、周转使用 3.刷模板保护涂料、脱模剂	溢流面、混凝土面板、闸墩、立柱、竖井等的滑模
500110003 ×××	移置模板					模板台车、针梁模板、爬升模板等
500110004 ×××	其他模板工程					

A.10.2 模板工程工程量清单项目的工程量计算规则:

1 立模面积为混凝土与模板的接触面积,坝体纵、横缝键槽模板的立模面积按各立模面在竖直面上的投影面积计算(即与无键槽的纵、横缝立模面积计算相同)。

2 模板工程中的普通模板包括平面模板、曲面模板、异型模板、预制混凝土模板等;其他模板包括装饰模板等。

3 模板应按招标设计图示混凝土建筑物(包括碾压混凝土和沥青混凝土)结构体形、浇筑分块和跳块顺序要求所需有效立模面积计量。不与混凝土面接触的模板面积不予计量。模板面板和支撑构件的制作、组装、运输、安装、埋设、拆卸以及修理过程中的操作损耗等所发生的费用,应摊入有效工程量的工程单价中。

4　不构成混凝土永久结构、作为模板周转使用的预制混凝土模板,应计入吊运、吊装
的费用。构成永久结构的预制混凝土模板,应按预制混凝土构件计算。

　　5　模板制作安装中所用钢筋、小型钢构件,摊入相应模板有效工程量的工程单价中。

　　6　模板工程结算的工程量,应按实际完成进行周转使用的有效立模面积计算。

A.11　钢筋、钢构件加工与安装工程

A.11.1　钢筋、钢构件加工及安装工程。工程量清单的项目编码、项目名称、计量单位、
工程量计算规则及主要工作内容,应按表 A.11.1 的规定执行。

表 A.11.1　钢筋、钢构件加工与安装工程(编码 500111)

项目编码	项目名称	主要项目特征	计量单位	工程量计算规则	主要工作内容	一般适用范围
500111001×××	钢筋加工与安装	1. 牌号 2. 型号、规格 3. 运距	t	按招标设计图示尺寸计算的有效重量计量	1. 机械性能试验 2. 除锈、调直、加工 3. 绑扎、丝扣连接(焊接)、安装	钢筋混凝土中的钢筋、喷混凝土(浆)中的钢筋网、砌筑体中的拉结筋等
500111002×××	钢构件加工与安装	1. 材质 2. 牌号 3. 型号、规格 4. 运距			1. 机械性能试验 2. 除锈、调直、加工 3. 焊接、安装、埋设	小型钢构件、埋件

A.11.2　钢筋、钢构件加工及安装工程工程量清单项目的工程量计算规则:

　　1　钢筋加工及安装,应按招标设计图示钢筋体积及单位体积重量计算的有效重量计
量。施工架立筋、搭接、焊接、套筒连接、加工及安装过程中的操作损耗等所发生的费用,
应摊入有效重量的工程单价中。

　　2　钢构件加工及安装,指用钢材(如型材、管材、板材、钢筋等)制成的构件、埋件,按
招标设计图示钢构件的有效重量计量。有效重量中不扣减切肢、切边和孔眼的重量,不增
加电焊条、铆钉和螺栓的重量。施工架立件、搭接、焊接和加工与安装过程中的操作损耗
等所发生的费用,应摊入有效工程量的工程单价中。

A.12　预制混凝土工程

A.12.1　预制混凝土工程。工程量清单的项目编码、项目名称、计量单位、工程量计算规
则及主要工作内容,应按表 A.12.1 的规定执行。

表 A.12.1　预制混凝土工程（编码 500112）

项目编码	项目名称	主要项目特征	计量单位	工程量计算规则	主要工作内容	一般适用范围
500112001×××	预制混凝土构件	1. 构件结构尺寸 2. 强度等级及配合比 3. 吊运、堆存要求	m³	按招标设计图示尺寸计算的有效实体方体积计量	1. 立模、绑（焊）筋、清洗仓面 2. 维护并保持模板、钢筋、预埋件的准确位置 3. 配料、拌和、浇筑、养护 4. 成品检验、吊运、堆存备用	梁、板、拱、块、桩、渡槽、排架等
500112002×××	预制混凝土模板					周转使用的预制混凝土模板
500112003×××	预制预应力混凝土构件	1. 构件结构尺寸 2. 强度等级及配合比 3. 锚索及附件的加工安装标准 4. 施加预应力的程序 5. 吊运、堆存要求			1. 立模、绑（焊）筋及穿索钢管的安装定位 2. 配料、拌和、浇筑养护 3. 锚索及附件加工安装 4. 张拉、封孔注浆、封闭锚头 5. 成品检验、吊运、堆存备用	预应力混凝土桥梁等
500112004×××	预应力钢筒混凝土（PCCP）输水管道安装	1. 构件结构尺寸 2. 吊运、堆存要求	km	按招标设计图示尺寸计算的有效安装长度计量	1. 试吊装 2. 安装基础验收 3. 起吊装车、运输、吊装就位 4. 检查及清扫管材 5. 上胶圈、对口、调直、牵引 6. 管件、阀门安装 7. 阀门井砌筑 8. 管道试压	埋地铺设的预应力钢筒混凝土（PCCP）输水管道
500112005×××	混凝土预制件吊装	1. 构件类型、结构尺寸 2. 构件体积、重量	m³	按招标设计要求，以安装预制件的体积计量	1. 试吊装 2. 安装基础验收 3. 起吊装车、运输、吊装就位、撑拉稳固 4. 填缝灌浆 5. 复检、焊接	
500112006×××	其他预制混凝土工程					

A.12.2 其他相关问题应按下列规定处理：

1 预制混凝土工程工程量清单项目的工程量计算规则。按招标设计图示尺寸计算的有效实体方体积计量。预应力钢筒混凝土(PCCP)管道按有效安装长度计量。计算有效体积时,不扣除埋设于构件体内的埋件、钢筋、预应力锚索及附件等所占体积。预制混凝土价格包括预制、预制场内吊运、堆存等的全部费用。

2 构成永久结构混凝土工程有效实体,不周转使用的预制混凝土模板,按预制混凝土构件计量。

3 预制混凝土工程中的模板、钢筋、埋件、预应力锚索、附件和加工及安装过程中的操作损耗等所发生的费用,应摊入有效工程量的工程单价中。

A.13 原料开采及加工工程

A.13.1 原料开采及加工工程。工程量清单的项目编码、项目名称、计量单位、工程量计算规则及主要工作内容,应按表 A.13.1 的规定执行。

表 A.13.1 原料开采及加工工程(编码 500113)

项目编码	项目名称	主要项目特征	计量单位	工程量计算规则	主要工作内容	一般适用范围
500113001×××	黏性土料	1.土料特性 2.改善土料特性的措施 3.开采条件 4.运距	m³	按招标设计文件要求的有效成品料体积计量	1.清除植被 2.开采运输 3.改善土料特性 4.堆存 5.弃料处理	防渗心(斜)墙等的填筑土料
500113002×××	天然砂料	1.天然级配 2.开采条件 3.开采、加工、运输流程 4.成品料级配 5.运距	t (m³)	按招标设计文件要求的有效成品料重量(体积)计量	1.清除覆盖层 2.原料开采装运 3.筛分、清洗 4.级配平衡及破碎 5.成品运输、分类堆存 6.弃料处理	混凝土、砂浆的骨料,反滤料、垫层料等
500113003×××	天然卵石料					
500113004×××	人工砂料	1.岩石级别 2.开采、加工、运输流程 3.成品料级配 4.运距			1.清除覆盖层 2.钻孔爆破 3.安全处理 4.解小、清理 5.原料装、运、卸 6.成品运输、分类堆存 7.弃料处理	
500113005×××	人工碎石料					

续表 A.13.1

项目编码	项目名称	主要项目特征	计量单位	工程量计算规则	主要工作内容	一般适用范围
500113006×××	块(堆)石料	1.岩石级别 2.石料规格 3.钻爆特性 4.运距	m³	按招标设计文件要求的有效成品料体积[条(料)石料按清料方]计量	1.清除覆盖层 2.钻孔、爆破 3.安全处理 4.解小、清面 5.原料装、运、卸 6.成品运输、堆存 7.弃料处理	
500113007×××	条(料)石料				1.清除覆盖层 2.人工开采 3.清凿 4.成品运输、堆存 5.弃料处理	
500113008×××	混凝土半成品料	1.强度等级及配合比 2.级配、拌制要求 3.入仓温度 4.运距	m³	按招标设计文件要求的混凝土拌和系统出机口的混凝土体积计量	配料、拌和	各类混凝土
500113009×××	其他原料开采及加工工程					

A.13.2　其他相关问题应按下列规定处理:

1　土方开挖的土类分级,按表 A.1.2 确定。石方开挖的岩石分级,按表 A.2.2 的规定执行。

2　原料开采及加工工程工程量清单项目的工程量计算规则:

1)黏性土料应按招标设计要求的有效成品料体积计量。料场查勘及试验费用,清除植被层与弃料处理费用,采挖、运输、加工、堆存过程中的损失所发生的费用,应摊入成品料的工程单价中。

2)天然砂石料、人工砂石料,按招标设计要求的有效成品料重量(体积)计量。料场查勘及试验费用,清除覆盖层与弃料处理费用,开采、加工、运输、堆存过程中的操作损耗等所发生的费用,应摊入有效工程量的工程单价中。

3)采挖、堆料区域的边坡、地面和弃料场的整治费用,按招标设计文件要求计算。

4)混凝土半成品料应根据招标设计文件要求的混凝土拌和系统出机口的混凝土体积计量。

A.14　其他建筑工程

A.14.1　其他建筑工程。工程量清单的项目编码、项目名称、计量单位、工程量计算规则及主要工作内容,应按表 A.14.1 的规定执行。

表 A.14.1　其他建筑工程(编码 500114)

项目编码	项目名称	主要项目特征	计量单位	工程量计算规则	主要工作内容	一般适用范围
500114001×××	其他永久建筑工程			按招标设计要求计量		
500114002×××	其他临时建筑工程					

A.14.2　其他相关问题应按下列规定处理:

　　1　A.1 土方开挖工程至 A.13 原料开采及加工工程未涵盖的其他建筑工程项目,如厂房装修工程,水土保持、环境保护工程中的林草工程等,可按其他建筑工程编码。

　　2　其他建筑工程可按项为单位计量。

附录 B 水利安装工程工程量清单项目及计算规则

B.1 机电设备安装工程

B.1.1 机电设备安装工程。工程量清单的项目编码、项目名称、计量单位、工程量计算规则及主要工作内容,应按表 B.1.1 的规定执行。

表 B.1.1 机电设备安装工程(编码 500201)

项目编码	项目名称	主要项目特征	计量单位	工程量计算规则	主要工作内容	一般适用范围
500201001×××	水轮机设备安装	1.型号、规格 2.外形尺寸 3.重量	套	按招标设计图示的数量计量	1.主机埋件和本体安装 2.配套管路和部件安装 3.调试	新建、扩建、改建、加固的水利机电设备安装工程
500201002×××	水泵-水轮机设备安装					
500201003×××	大型泵站水泵设备安装				1.真空破坏阀、泵座、人孔及止水埋件安装 2.泵体组合件及支撑件安装 3.止水密封件安装 4.仪器、仪表、管路附件安装 5.调试	
500201004×××	调速器及油压装置设备安装				1.基础、本体、反馈机构、事故配压阀、管路等安装 2.集油槽、压油槽、漏油槽安装 3.油泵、管道及辅助设备安装 4.设备滤油、充油 5.调试	

续表 B.1.1

项目编码	项目名称	主要项目特征	计量单位	工程量计算规则	主要工作内容	一般适用范围
500201005×××	发电机设备安装		套	按招标设计图示的数量计量	1.基础埋设 2.机组及辅助设备安装 3.配套供应的管路和部件安装 4.定子、转子装配及干燥 5.发电机(发电机－电动机)与水轮机(水泵－水轮机)联轴前后的检查调整 6.调试	新建、扩建、改建、加固的水利机电设备安装工程
500201006×××	发电机－电动机设备安装	1.型号、规格 2.外形尺寸 3.重量				
500201007×××	大型泵站电动机设备安装				1.电动机基础埋设 2.定子、转子安装 3.附件安装 4.电动机干燥 5.调试	
500201008×××	励磁系统设备安装	1.型号、规格 2.电气参数 3.重量			1.基础安装 2.设备本体安装 3.调试	
500201009×××	主阀设备安装	1.型号、规格 2.直径 3.重量			1.阀体安装 2.操作机构及管路安装 3.附属设备安装 4.调试	
500201010×××	桥式起重机设备安装	1.型号、规格 2.外形尺寸 3.重量	台		1.大车架及运行机构安装 2.小车架及运行机构安装 3.起重机构安装 4.操作室、梯子、栏杆、行程限制器及其他附件安装 5.电气设备安装和调整 6.调试	

续表 B.1.1

项目编码	项目名称	主要 项目特征	计量 单位	工程量 计算规则	主要 工作内容	一般适用 范围
500201011×××	轨道安装	1. 型号、规格 2. 单米重量	双 10 m	按招标 设计图示 尺寸计算 的有效长 度计量	1. 基础埋设 2. 轨道校正、安装 3. 附件制作安装	新建、扩建、改建、加固的水利机电设备安装工程
500201012×××	滑触线 安装	1. 电压等级 2. 电流等级	三相 10 m		1. 基础埋设 2. 支架及绝缘子安装 3. 滑触线及附件校正安装 4. 连接电缆及轨道接地 5. 辅助母线安装	
500201013×××	水力机械 辅助设备 安装	1. 型号、规格 2. 输送介质 3. 材质 4. 连接方式 5. 压力等级	项	按招标 设计图示 的数量计 量	1. 基础埋设 2. 设备本体及附件安装 3. 配套电动机安装 4. 管路、阀门和表计等安装 5. 调试	
500201014×××	发电电压 设备安装					
500201015×××	发电机－ 电动机静 止变频启 动装置 （SFC） 安装	1. 型号、规格 2. 电压等级 3. 设备重量	套		1. 基础埋设 2. 设备本体及附件安装 3. 接地 4. 调试	
500201016×××	厂用电 系统设 备安装	1. 型号、规格 2. 电压等级 3. 重量			1. 基础埋设 2. 设备安装 3. 接地 4. 调试	
500201017×××	照明系统 安装	1. 型号、规格 2. 电压等级	项		1. 照明器具安装 2. 埋管及布线 3. 绝缘测试	

续表 B.1.1

项目编码	项目名称	主要项目特征	计量单位	工程量计算规则	主要工作内容	一般适用范围
500201018××	电缆安装及敷设	1.型号、规格 2.电压等级 3.单根长度 4.电缆头类型	m（km）	按招标设计图示尺寸计算的有效长度计量	1.电缆敷设和耐压试验 2.电缆头制作及安装和与设备的连接	新建、扩建、改建、加固的水利机电设备安装工程
500201019××	发电电压母线安装	1.型号、规格 2.电压等级 3.单根长度	100m/单相		1.基础埋设 2.支架安装 3.母线和支持绝缘子安装 4.微正压装置安装 5.调试	
500201020××	接地装置安装	1.型号、规格 2.材质 3.连接方式	m（t）	按招标设计图示尺寸计算的有效长度或重量计量	1.接地干线和支线敷设 2.接地极和避雷针制作及安装 3.接地电阻测量	
500201021××	主变压器设备安装	1.型号、规格 2.外形尺寸 3.电压等级、容量 4.重量	台	按招标设计图示的数量计量	1.设备本体及附件安装 2.设备干燥 3.变压器油过滤、油化验和注油 4.调试	
500201022××	高压电气设备安装	1.型号、规格 2.电压等级 3.绝缘介质 4.重量	项	按招标设计图示的数量计量	1.基础埋设 2.设备本体及附件安装 3.六氟化硫（SF_6）充气和测试 4.调试	

续表 B.1.1

项目编码	项目名称	主要项目特征	计量单位	工程量计算规则	主要工作内容	一般适用范围
500201023××××	一次拉线安装	1. 型号、规格 2. 电压等级、容量	100 m/三相	按招标设计图示尺寸计算的有效长度计量	1. 金具及绝缘子安装 2. 变电站母线、母线引下线、设备连接和架空地线等架设 3. 调试	新建、扩建、改建、加固的水利机电设备安装工程
500201024××××	控制、保护、测量及信号系统设备安装	1. 系统结构 2. 设备配置 3. 功能	套	按招标设计图示的数量计量	1. 基础埋设 2. 设备本体和附件安装 3. 接地 4. 调试	
500201025××××	计算机监控系统设备安装					
500201026××××	直流系统设备安装	1. 型号、规格 2. 类型			1. 基础埋设 2. 设备本体安装 3. 蓄电池充电和放电 4. 接地 5. 调试	
500201027××××	工业电视系统设备安装	1. 系统结构 2. 设备配置 3. 功能			1. 基础埋设 2. 设备本体和附件安装 3. 接地 4. 调试	
500201028××××	通信系统设备安装					
500201029××××	电工试验室设备安装	1. 型号、规格 2. 电压等级、容量				
500201030××××	消防系统设备安装	1. 型号、规格 2. 材质 3. 压力等级 4. 连接方式			1. 灭火系统(水、气、泡沫)安装 2. 管道支架制作、安装 3. 火灾自动报警系统安装 4. 消防系统装置调试及模拟试验	

续表 B.1.1

项目编码	项目名称	主要项目特征	计量单位	工程量计算规则	主要工作内容	一般适用范围
500201031×××	通风、空调、采暖及其监控设备安装	1. 系统结构 2. 设备配置 3. 功能	项	按招标设计图示的数量计量	1. 基础埋设 2. 设备本体及附件安装 3. 设备支架制作及安装 4. 通风管制作及安装 5. 电动机及电气安装 6. 调试	新建、扩建、改建、加固的水利机电设备安装工程
500201032×××	机修设备安装	1. 型号、规格 2. 外形尺寸 3. 重量			1. 基础埋设 2. 设备本体及附件安装 3. 调试	
500201033×××	电梯设备安装	1. 型号、规格 2. 提升高度 3. 载重量 4. 重量			1. 基础埋设 2. 设备本体及附件安装 3. 升降机械及传动装置安装 4. 电气设备安装 5. 调试	
500201034×××	其他机电设备安装工程		部			

注：表中项目编码以×××表示的十至十二位由编制人自 001 起顺序编码，如 1# 水轮机座环为 500201001001、1# 水轮机导水机构为 500201001002、1# 水轮机转轮为 500201001003 等，依次类推。表 B.2.1 至表 B.3.1 同。

B.1.2 其他相关问题应按下列规定处理：

1 机电主要设备安装工程项目组成内容包括水轮机（水泵－水轮机）、大型泵站水泵、调速器及油压装置、发电机（发电机－电动机）、大型泵站电动机、励磁系统、主阀、桥式起重机、主变压器等设备，均由设备本体和附属设备及埋件组成。

2 机电其他设备安装工程项目组成内容

1）轨道安装。包括起重设备、变压器设备等所用轨道。

2）滑触线安装。包括各类移动式起重机设备滑触线。

3）水力机械辅助设备安装。包括全厂油、水、气系统的透平油、绝缘油、技术供水、水力测量、消防用水、设备检修排水、渗漏排水、上库及压力钢管充水、低压压气和高压压气等系统设备和管路。

4)发电电压设备安装。包括发电机中性点设备、发电机定子主引出线至主变压器低压套管间的电气设备、分支线电气设备、断路器、隔离开关、电流互感器、电压互感器、避雷器、电抗器、电气制动开关等,抽水蓄能电站与启动回路器有关的断路器和隔离开关等设备。

5)发电机–电动机静止变频启动装置(SFC)安装。包括抽水蓄能电站机组和大型泵站机组静止变频启动装置的输入及输出变压器、整流及逆变器、交流电抗器、直流电抗器、过电压保护装置及控制保护设备等。

6)厂用电系统设备安装。包括厂用电和厂坝区用电系统的厂用变压器、配电变压器、柴油发电机组、高低压开关柜(屏)、配电盘、动力箱、启动器、照明屏等设备。

7)照明系统安装。包括照明灯具、开关、插座、分电箱、接线盒、线槽板、管线等器具和附件。

8)电缆安装及敷设。包括35 kV及以下高压电缆、动力电缆、控制电缆和光缆及其附件、电缆支架、电缆桥架、电缆管等。

9)发电电压母线安装。包括发电电压主母线、分支母线及发电机中性点母线、套管、绝缘子及金具等。

10)接地装置安装。包括全厂公用和分散设备的接地网的接地极、接地母线、避雷针等。

11)高压电气设备安装。包括高压组合电器(GIS)、六氟化硫断路器、少油断路器、空气断路器、隔离开关、互感器、避雷器、高频阻波器、耦合电容器、结合滤波器、绝缘子、母线、110 kV及以上高压电缆、高压管道母线等设备及配件。

12)一次拉线安装。包括变电站母线、母线引下线、设备连接线、架空地线、绝缘子和金具。

13)控制、保护、测量及信号系统设备安装。包括发电厂和变电站各种控制、保护、操作、计量、继电保护信息管理、安全自动装置等的屏、台、柜、箱及其他二次屏(台)等设备。

14)计算机监控系统设备安装。包括全厂计算机监控系统的主机、工作站、服务器、网络、现地控制单元(LCU)、不间断电源(UPS)、全球卫星定位系统(GPS)等。

15)直流系统设备安装。包括蓄电池组、充电设备、浮充电设备和直流配电屏(柜)等设备。

16)工业电视系统设备安装。包括主控站、分控站、转换站、前端等设备以及光缆、视频电缆、控制电缆和电源电缆(线)等设备。

17)通信系统设备安装。包括载波通信、程控通信、生产调度通信、生产管理通信、卫星通信、光纤通信和信息管理系统等设备及通信线路等。

18)电工试验室设备安装。包括为电气试验而设置的各种设备、仪器、表计等。

19)消防系统设备安装。包括火灾报警及其控制系统、水喷雾及气体灭火装置、消防电话广播系统、消防器材及消防管路等设备。

20)通风、空调、采暖及其监控设备安装。包括全厂制冷(热)机组及水泵、风机、空调器、通风空调监控系统、采暖设备、风管及管路、各种调节阀和风口等。

21)机修设备安装。包括为机组、金属结构以及其他机械设备的检修所设置的车、刨、铣、锯、磨、插、钻等机床,以及电焊机、空气锤等设备。

22)电梯设备安装。包括工作电梯、员工电梯、观光电梯等电梯设备及电梯电气设备。

23)其他设备安装。包括小型起重设备、保护网、铁构件及轨道阻进器等。

3 以长度或重量计算的机电设备装置性材料,如电缆、母线、轨道等,按招标设计图示尺寸计算的有效长度或重量计量。运输、加工及安装过程中的操作损耗所发生的费用,应摊入有效工程量的工程单价中。

4 机电设备安装工程费。包括设备安装前的开箱检查、清扫、验收、仓储保管、防腐、油漆、安装现场运输、主体设备及随机成套供应的管路与附件安装、现场试验、调试、试运行及移交生产前的维护、保养等工作内容所发生的费用。

B.2 金属结构设备安装工程

B.2.1 金属结构设备安装工程。工程量清单的项目编码、项目名称、计量单位、工程量计算规则及主要工作内容,应按表 B.2.1 的规定执行。

表 B.2.1 金属结构设备安装工程(编码 500202)

项目编码	项目名称	主要项目特征	计量单位	工程量计算规则	主要工作内容	一般适用范围
500202001 ×××	门式起重机设备安装	1. 型号、规格 2. 跨度 3. 起重量 4. 重量	台	按招标设计图示的数量计量	1. 门机机架安装 2. 行走机构安装 3. 起重机构安装 4. 操作室、梯子、栏杆、行程限制器及其他附件安装 5. 电气设备安装 6. 调试	新建、扩建、改建、加固的水利金属结构设备安装工程
500202002 ×××	油压启闭机设备安装	1. 型号、规格 2. 重量			1. 基础埋设 2. 设备本体安装 3. 附属设备和管路安装 4. 油系统设备安装及油过滤 5. 电气设备安装 6. 与闸门连接 7. 调试	

续表 B.2.1

项目编码	项目名称	主要项目特征	计量单位	工程量计算规则	主要工作内容	一般适用范围
500202003××× 续表 B.2.1	卷扬式启闭机设备安装	1. 型号、规格 2. 重量	台	按招标设计图示的数量计量	1. 基础埋设 2. 设备本体及附件安装 3. 电气设备安装 4. 与闸门连接 5. 调试	新建、扩建、改建、加固的水利金属结构设备安装工程
500202004×××	升船机设备安装	1. 形式 2. 型号、规格 3. 外形尺寸 4. 重量	项		1. 埋件安装 2. 升船机轨道安装 3. 升船机承船箱安装 4. 升船机升降机构或卷扬机安装 5. 升船机电气及控制设备和液压设备安装 6. 平衡重安装 7. 调试	
500202005×××	闸门设备安装	1. 形式 2. 外形尺寸 3. 材质 4. 板厚 5. 防腐要求 6. 重量	t		1. 闸门焊缝透视检查及处理 2. 闸门本体及支撑装置安装 3. 止水装置安装 4. 闸门附件安装 5. 调试	
500202006×××	拦污栅设备安装	1. 外形尺寸 2. 材质 3. 防腐要求 4. 重量			1. 栅体、吊杆及附件安装 2. 栅槽校正及安装	
500202007×××	一期埋件安装		(kg)		1. 插筋、锚板安装 2. 钢衬安装 3. 预埋件安装	
500202008×××	压力钢管安装	1. 外形尺寸 2. 管径 3. 板厚 4. 材质 5. 防腐要求 6. 重量	t		1. 钢管安装、焊缝质量检查及处理 2. 支架、拉筋、伸缩节及岔管安装 3. 埋管灌浆孔封堵 4. 水压试验 5. 清扫除锈、喷涂防腐	
500202009×××	其他金属结构设备安装工程			按招标设计图示尺寸计算的有效重量计量		

B.2.2 其他相关问题应按下列规定处理:

1 金属结构设备安装工程项目组成内容

1)启闭机、闸门、拦污栅设备,均由各型设备本体和附属设备及埋件组成。

2)升船机设备。包括各型垂直升船机、斜面升船机、桥式平移及吊杆式升船机等设备主体和附属设备及埋件等。

3)其他金属结构设备。包括电动葫芦、清污机、储门库、闸门压重物、浮式系船柱及小型金属结构构件等。

2 以重量计算的金属结构设备或装置性材料,如闸门、拦污栅、埋件、高压钢管等,按招标设计图示尺寸计算的有效重量计量,运输、加工及安装过程中的操作损耗所发生的费用,应摊入有效工程量的工程单价中。

3 金属结构设备安装工程费。包括设备及附属设备验收、接货、涂装、仓储保管、焊缝检查及处理、安装现场运输、设备本体和附件及埋件安装、设备安装调试、试运行、质量检查和验收、完工验收前的维护等工作内容所发生的费用。

B.3 安全监测设备采购及安装工程

B.3.1 安全监测设备采购及安装工程。工程量清单的项目编码、项目名称、计量单位、工程量计算规则及主要工作内容,应按表 B.3.1 的规定执行。

表 B.3.1 安全监测设备采购及安装工程(编码 500203)

项目编码	项目名称	主要项目特征	计量单位	工程量计算规则	主要工作内容	一般适用范围
500203001×××	工程变形监测控制网设备采购及安装	型号、规格	套(台、支、个等)	按招标设计图示的数量计量	1.设备采购 2.检验、率定 3.安装、埋设	水工建筑物
500203002×××	变形监测设备采购及安装					
500203003×××	应力、应变及温度监测设备采购及安装					
500203004×××	渗流监测设备采购及安装					
500203005×××	环境量监测设备采购及安装					
500203006×××	水力学监测设备采购及安装					
500203007×××	结构振动监测设备采购及安装					
500203008×××	结构强振监测设备采购及安装					
500203009×××	其他专项监测设备采购及安装					

续表 B.3.1

项目编码	项目名称	主要项目特征	计量单位	工程量计算规则	主要工作内容	一般适用范围
500203010×××	工程安全监测自动化采集系统设备采购及安装	型号、规格	套(台、支、个等)	按招标设计图示的数量计量	1. 设备采购 2. 检验、率定 3. 安装、埋设	水工建筑物
500203011×××	工程安全监测信息管理系统设备采购及安装					
500203012×××	特殊监测设备采购及安装					
500203013×××	施工期观测、设备维护、资料管理分析		项	按招标文件规定的项目计量	1. 设备维护 2. 巡视检查 3. 资料记录、整理 4. 建模、建库 5. 资料分析、安全评价	

B.3.2 其他相关问题应按下列规定处理:

1 安全监测工程中的建筑分类工程项目执行水利建筑工程工程量清单项目及计算规则,安全监测设备采购及安装工程包括设备费用和安装工程费,在分类分项工程量清单中的单价或合价可分别以设备费、安装费分列表示。

2 安全监测设备采购及安装工程工程量清单项目的工程量计算规则,按招标设计文件列示安全监测项目的各种仪器设备的数量计量。施工过程中仪表设备损耗、备品备件等所发生的费用,应摊入有效工程量的工程单价中。

附录 C 工程量清单及其计价格式

C.1 工程量清单格式表格

_____工程

工程量清单

合同编号:(招标项目合同号)

招　标　人:_____(单位盖章)

招 标 单 位
法 定 代 表 人
(或委托代理人):_____(签字盖章)

中 介 机 构
法 定 代 表 人
(或委托代理人):_____(签字盖章)

造 价 工 程 师
及 注 册 证 号:_____(签字盖执业专用章)

编 制 时 间:_____

填表须知

  1 工程量清单及其计价格式中所有要求盖章、签字的地方,必须由规定的单位和人员盖章、签字(其中法定代表人也可由其授权委托的代理人签字、盖章)。

  2 工程量清单及其计价格式中的任何内容不得随意删除或涂改。

  3 工程量清单计价格式中列明的所有需要填报的单价和合价,投标人均应填报,未填报的单价和合价,视为此项费用已包含在工程量清单的其他单价和合价中。

  4 投标金额(价格)均应以_____币表示。

总说明

合同编号:(招标项目合同号)

工程名称:(招标项目名称)

分类分项工程量清单

合同编号:(招标项目合同号)

工程名称:(招标项目名称)

序号	项目编码	项目名称	计量单位	工程数量	主要技术条款编码	备注
1		一级××项目				
1.1		二级××项目				
1.1.1		三级××项目				
	50××××××××××	最末一级项目				
1.1.2						
2		一级××项目				
2.1		二级××项目				
2.1.1		三级××项目				
	50××××××××××	最末一级项目				
2.1.2						

措施项目清单

合同编号:(招标项目合同号)

工程名称:(招标项目名称)　　　　　　　　　　　　　　第　页共　页

序号	项目名称	备注

其他项目清单

合同编号:(招标项目合同号)
工程名称:(招标项目名称)

序号	项目名称	金额(元)	备注

零星工作项目清单

合同编号:(招标项目合同号)

工程名称:(招标项目名称)

第 页 共 页

序号	名称	型号规格	计量单位	备注
1	人工			
2	材料			
3	机械			

招标人供应材料价格表

合同编号:(招标项目合同号)

工程名称:(招标项目名称)

序号	材料名称	型号规格	计量单位	供应价(元)	供应条件	备注

招标人提供施工设备表(参考格式)

合同编号:(招标项目合同号)

工程名称:(招标项目名称)　　　　　　　　　　　　　第　页共　页

序号	设备名称	型号规格	设备状况	设备所在地点	计量单位	数量	折旧费	备注
							元/台时(台班)	

招标人提供施工设施表(参考格式)

合同编号:(招标项目合同号)
工程名称:(招标项目名称)

序号	项目名称	计量单位	数量	备注

C.2 工程量清单计价格式表格

_____工程

工程量清单报价表

合同编号:(投标项目合同号)

投　标　人:_____(单位盖章)

法 定 代 表 人
(或委托代理人):_____(签字盖章)

造 价 工 程 师
及 注 册 证 号:_____(签字盖执业专用章)

编 制 时 间:_____

投 标 总 价

工 程 名 称：＿＿＿＿＿＿＿＿＿＿＿＿＿＿

合 同 编 号：＿＿＿＿＿＿＿＿＿＿＿＿＿＿

投标总价(小写)：＿＿＿＿＿＿＿＿＿＿＿＿

   (大写)：＿＿＿＿＿＿＿＿＿＿＿＿＿

投 标 人：＿＿＿＿＿＿＿＿＿＿＿＿＿(单位盖章)

法 定 代 表 人
(或委托代理人)：＿＿＿＿＿＿＿＿＿＿＿＿(签字盖章)

编 制 时 间：＿＿＿＿＿＿＿＿＿＿＿＿＿

工程项目总价表

合同编号:(投标项目合同号)

工程名称:(投标项目名称)　　　　　　　　　　　　　　　　第　页共　页

序号	工程项目名称	金额(元)
1	一级××项目	
2	一级××项目	
××	措施项目	
××	其他项目	
	合　计	

法定代表人

(或委托代理人):_____(签字)

分类分项工程量清单计价表

合同编号:(投标项目合同号)

工程名称:(投标项目名称) 　　　　　　　　　　　　　第　页共　页

序号	项目编码	项目名称	计量单位	工程数量	单价(元)	合价(元)	主要技术条款编码
1		一级××项目					
1.1		二级××项目					
1.1.1		三级××项目					
	50××××××××××	最末一级项目					
1.1.2							
2		一级××项目					
2.1		二级××项目					
2.1.1		三级××项目					
	50××××××××××	最末一级项目					
2.1.2							
		合计					

法定代表人

(或委托代理人):_____(签字)

措施项目清单计价表

合同编号：(投标项目合同号)

工程名称：(投标项目名称)

序号	项目名称	金额(元)
	合计	

法定代表人

（或委托代理人）：_____（签字）

其他项目清单计价表

合同编号:(投标项目合同号)

工程名称:(投标项目名称)

序号	项目名称	金额(元)	备注
	合计		

法定代表人

(或委托代理人):＿＿＿＿＿＿(签字)

零星工作项目计价表

合同编号:(投标项目合同号)

工程名称:(投标项目名称)　　　　　　　　　　　　　第　页共　页

序号	名称	型号规格	计量单位	单价(元)	备注
1	人工				
2	材料				
3	机械				

法定代表人

(或委托代理人):＿＿＿＿＿＿＿＿(签字)

工程单价汇总表

合同编号:(投标项目合同号)

工程名称:(投标项目名称)　　　　　　　　　　　　　　　第　页共　页

序号	项目编码	项目名称	计量单位	人工费	材料费	机械使用费	施工管理费	企业利润	税金	合计
1		建筑工程								
1.1		土方开挖工程								
1.1.1	500101×××××									
1.1.2										
2		安装工程								
2.1		机电设备安装工程								
2.1.1	500201×××××									
2.1.2										

法定代表人

(或委托代理人):_____(签字)

工程单价费(税)率汇总表

合同编号:(投标项目合同号)

工程名称:(投标项目名称)

序号	工程类别	工程单价费(税)率(%)			备注
		施工管理费	企业利润	税金	
一	建筑工程				
二	安装工程				

法定代表人

(或委托代理人):＿＿＿＿＿＿(签字)

投标人生产电、风、水、砂石基础单价汇总表

合同编号:(投标项目合同号)

工程名称:(投标项目名称)　　　　　　　　　　　　　　　第　页共　页

单位:元

序号	名称	型号规格	计量单位	人工费	材料费	机械使用费			合计	备注

法定代表人

(或委托代理人):＿＿＿＿＿＿＿(签字)

投标人生产混凝土配合比材料费表

合同编号:(投标项目合同号)

工程名称:(投标项目名称)　　　　　　　　　　　　　　　第　页共　页

序号	工程部位	混凝土强度等级	水泥强度等级	级配	水灰比	预算材料量(kg/m³)					单价(元/m³)	备注
						水泥	砂	石				

法定代表人

(或委托代理人):＿＿＿＿＿＿(签字)

招标人供应材料价格汇总表

合同编号:(投标项目合同号)

工程名称:(投标项目名称)　　　　　　　　　　　　　　第　页共　页

序号	材料名称	型号规格	计量单位	供应价(元)	预算价(元)

法定代表人

(或委托代理人):_____(签字)

投标人自行采购主要材料预算价格汇总表

合同编号:(投标项目合同号)

工程名称:(投标项目名称)   第 页共 页

序号	材料名称	型号规格	计量单位	预算价(元)	备注

法定代表人

(或委托代理人):_____(签字)

招标人提供施工机械台时(班)费汇总表

合同编号:(投标项目合同号)

工程名称:(投标项目名称)

第 页共 页

单位:元/台时(班)

序号	机械名称	型号规格	招标人收取的折旧费	招标人应计算的费用									合计
				维修费	安拆费	人工	柴油	电			小计	

法定代表人

(或委托代理人):_____(签字)

投标人自备施工机械台时（班）费汇总表

合同编号:（投标项目合同号）

工程名称:（投标项目名称）

单位:元/台时（班）

序号	机械名称	型号规格	一类费用				二类费用						合计
			折旧费	维修费	安拆费	小计	人工	柴油	电			小计	

法定代表人

（或委托代理人）:＿＿＿＿＿＿＿＿（签字）

工程单价计算表

_____工程

单价编号：　　　　　　　　　　　　定额单位：

施工方法：

序号	名称	型号规格	计量单位	数量	单价(元)	合价(元)
1	直接费					
1.1	人工费					
1.2	材料费					
1.3	机械使用费					
2	施工管理费					
3	企业利润					
4	税金					
	合计					
	单价					

法定代表人
（或委托代理人）：_____（签字）

参考文献

[1] 中华人民共和国建设部,中华人民共和国国家质量监督检验检疫总局.水利工程工程量清单计价规范(GB 50501—2007)[S].北京:中国计划出版社,2007.

[2] 中华人民共和国水利部建设与管理司.《水利工程工程量清单计价规范》(GB 50501—2007)使用指南[M].北京:中国水利水电出版社,2011.

[3] 中华人民共和国水利部.水利工程设计概(估)算编制规定(水总〔2014〕429号).2014.

[4] 中华人民共和国水利部.水利工程营业税改征增值税计价依据调整办法(办水总〔2016〕132号).2015.

[5] 中华人民共和国水利部.水利建筑工程预算定额(上、下册)[M].郑州:黄河水利出版社,2002.

[6] 中华人民共和国水利部.水利水电设备安装工程预算定额[M].郑州:黄河水利出版社,2002.

[7] 中华人民共和国水利部.水利工程施工机械台时定额[M].郑州:黄河水利出版社,2002.

[8] 中华人民共和国水利部.水利工程概预算补充定额[M].郑州:黄河水利出版社,2005.

[9] 中国水利工程协会.水利水电工程造价与计价控制[M].北京:中国水利水电出版社,2012.

[10] 湖南水利水电勘测设计研究总院.湖南省茶陵县洮水水库工程初步设计报告[R].2005.

[11] 张诗云.水利水电工程投标报价编制指南[M].北京:中国水利水电出版社,2007.

[12] 蒋买勇,周召梅.水利工程概预算[M].郑州:黄河水利出版社,2017.